Zele Balázs

Sistema de transporte de combustível de acordo com as técnicas de segurança em centrais eléctricas

Zele Balázs

Sistema de transporte de combustível de acordo com as técnicas de segurança em centrais eléctricas

Exames em centrais eléctricas a carvão, lenhite e fontes de energia alternativas

ScienciaScripts

Imprint
Any brand names and product names mentioned in this book are subject to trademark, brand or patent protection and are trademarks or registered trademarks of their respective holders. The use of brand names, product names, common names, trade names, product descriptions etc. even without a particular marking in this work is in no way to be construed to mean that such names may be regarded as unrestricted in respect of trademark and brand protection legislation and could thus be used by anyone.

Cover image: www.ingimage.com

This book is a translation from the original published under ISBN 978-620-2-09408-5.

Publisher:
Sciencia Scripts
is a trademark of
Dodo Books Indian Ocean Ltd. and OmniScriptum S.R.L publishing group

120 High Road, East Finchley, London, N2 9ED, United Kingdom
Str. Armeneasca 28/1, office 1, Chisinau MD-2012, Republic of Moldova, Europe
Printed at: see last page
ISBN: 978-620-7-96591-5

Índice

1. Situação energética

A catástrofe nuclear de Fukushima, em 2011, teve um grande impacto na política energética da UE e espera-se que venha a ter mais influência nas políticas globais no futuro. Nos últimos seis anos, o controlo dos processos de segurança e proteção nas centrais nucleares foi alvo de especial atenção, tendo surgido vários rumores sobre o encerramento das centrais nucleares. Na Hungria, o rácio de produção de energia nuclear desempenhará um papel importante no sistema de produção de energia, mas não podemos afirmar que os combustíveis fósseis terão uma parte menor do bolo inteiro.

Com base na tendência da situação energética atual, em que não são construídas novas centrais eléctricas e cada vez mais centrais são encerradas, eu queria absolutamente contribuir para a vida científica húngara, dando orientações para o desenvolvimento de centrais eléctricas nacionais. Assim, o meu objetivo e visão é dar algo aplicável, que possa ser utilizado pela vida científica durante o desenvolvimento ou construção de centrais eléctricas - independentemente do tópico ser gestão de energia, segurança e proteção ou sistemas de abastecimento de combustível.

Os rumos da política energética do mundo e do nosso país têm sido influenciados por mais e diferentes mudanças neste domínio em vários tópicos. Esta afirmação não é apenas verdadeira quando se olha para os desenvolvimentos técnicos, mas tem um papel sério quando se discutem questões de proteção ambiental e de melhoria dos cuidados de saúde.

"Um dos papéis da política energética é convencer a sociedade sobre as activities e medidas aplicáveis ao desenvolvimento sustentável da energia. Para além disso, é também um papel importante da política energética: *"Uma das tarefas da política energética é persuadir a sociedade sobre as aspirações da energia sustentável e satisfazer as nossas necessidades. Além disso, o seu objetivo é centrar-se na produção de energia sem carbono, tanto quanto possível, através de regulamentação (como a quota de CO2, a seleção de combustível) e a criação de centrais eléctricas a carvão nacional e importado para minimizar o preço médio ao produtor."*[1]

Além disso, podemos afirmar que o medo da escassez de energia não é apenas importante no passado, mas também tem um impacto no nosso presente e futuro, o que significa que a dependência energética tem de ser diminuída e, paralelamente, as questões de segurança do aprovisionamento têm de ser aumentadas.

Olhando para os dados relativos ao consumo de carvão, o consumo anual de carvão atingiu os 7 mil milhões de toneladas em 2012 e, no final de 2014, era superior a 8 mil milhões por ano.[2] Olhando para os combustíveis fósseis de um ponto de vista comercial, o carvão é o nosso combustível fóssil mais competitivo, a seguir ao petróleo e ao gás natural. É também um recurso básico e certo tanto para os países em desenvolvimento como para os países desenvolvidos, com base no seu preço unitário e nas suas possibilidades de utilização. Se olharmos para as diferentes previsões, apesar de os recursos energéticos renováveis estarem a crescer, o carvão continuará a ter um papel importante e dominante no aprovisionamento energético das próximas décadas.

Isto dá-nos uma base para usar e utilizar a lignite - o material de queima mais frequentemente utilizado na Hungria - numa percentagem maior, e para investir em diferentes investigações de modo a alcançar um método de utilização ótimo. É essencial rever as diferentes caraterísticas dos recursos energéticos a serem utilizados e mantidos. Podemos tomar decisões no sentido de um fornecimento seguro de energia através de uma utilização óptima dos recursos com base na revisão dos processos complexos e coerentes.

Uma das questões mais frequentemente colocadas no processo de produção de energia em centrais de coincineração é o processo de transformação de energia. Nas últimas décadas, a União Europeia e também a Hungria estão a caminho de cobrir questões ambientais maiores e globais, que têm como foco um ambiente mais limpo.

Neste trabalho, analiso o sistema de abastecimento de combustível do sistema logístico

---

1 Página oficial do Departamento de Engenharia Energética da BME (Universidade de Tecnologia e Economia de Budapeste) (em linha) url: http://www.energia.bme.hu/ (descarregado: 2013. 12. 14.)
2 Sítio Web da Associação Mundial do Carvão (em linha), url: https://www.worldcoal.org/sites/default/files/Coal%20Facts%202015.pdf (descarregado: 10.05.2016)

como o foco das diferentes centrais de produção de energia a carvão ou a recursos alternativos. O objetivo da minha investigação é analisar o

- aspectos logísticos não só do processo de extração do carvão, mas também de todo o percurso até à produção de energia,

- e o papel dos diferentes riscos e aspectos perigosos futuros, bem como o efeito e as consequências que podem ter.

Os meus objectivos básicos de investigação são os seguintes:

1. Analisar todo o processo de produção de energia, desde a manutenção do fornecimento até à utilização final: produção e distribuição de eletricidade.

2. Desenvolver os diferentes sistemas mecânicos e utilizar estas soluções noutras áreas técnicas no futuro.

3. st Dar resposta às questões dos sistemas logísticos após uma ampla revisão, dar resposta às questões de utilização e funcionamento correto e ligar as soluções inteligentes do século XXI à vida da central eléctrica.

1.1 Situação energética na Hungria[3]

O principal objetivo deste trabalho é examinar e apresentar a relação de contacto e presença de factores causadores de casos de incêndios não regulamentados na maior central de produção e distribuição de energia da Hungria, que se baseia na queima de lenhite. Basicamente, neste campo, para além da dispersão de poeiras de carvão e dos riscos tecnológicos, é sobretudo o fator de influência humana que vou examinar em profundidade, com base em experiências anteriores.

A opinião sobre as centrais eléctricas a carvão e a aplicabilidade das tecnologias mudou um pouco nos últimos anos. Para além da queima de lenhite, está cada vez mais generalizada a utilização de recursos de biomassa, e este movimento contribui para a tecnologia do carvão de uma forma mais ecológica. A essência da tecnologia consiste

---

3 Balâzs Zele: Distribution of Fire Cases and the Role of Human Factors in Coal-Firing Power Plants in FuelSupply Fields and Distribution Systems, jornal online da AARMS, 2015. (em linha), url: http://connection.ebscohostcom/c/articles/109002452/distribution-fire-cases-role-human-factors-coal-firing-power-plants-fuel-supply-fields-distribution-systems

em combinar a quantidade e a qualidade adequadas de biomassa e carvão, de acordo com o valor de aquecimento necessário. Com base nisto, a tecnologia que utiliza claramente o carvão ficou para trás, tendo assim em consideração os dados nacionais de eficiência, não só a utilização do carvão, mas também o facto de a utilização da biomassa ter sido integrada na determinação da eficácia de uma central eléctrica. (gráfico 1.)

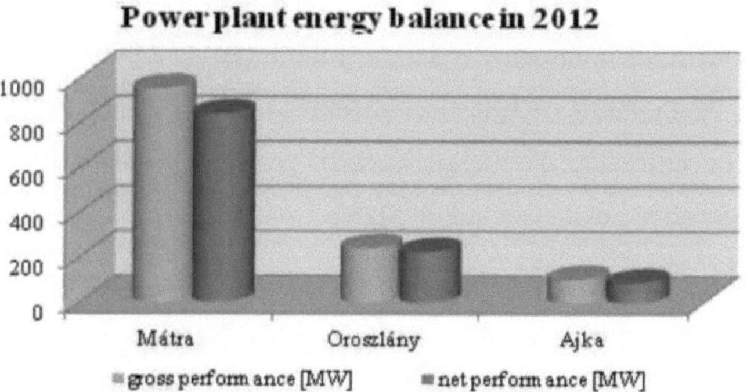

1. gráfico - Balanço energético das centrais eléctricas em 2012 (elaboração própria - com base em dados MAVIR [3])[4]

A política energética húngara é influenciada pela utilização dos recursos nacionais (por exemplo, recursos de carvão/lignite) em maior quantidade, para além da utilização de recursos energéticos renováveis. Este aspeto baseia-se na ambição de produção de energia a partir da utilização dos recursos nacionais de carvão. Se analisarmos os recursos húngaros, podemos constatar que existe uma grande quantidade de lenhite nos arredores da montanha Mâtra e de hulha negra na base da montanha Mecsek. Nos últimos anos, a imprensa foi muito falada por causa do encerramento de alguns centros mineiros (por exemplo, na montanha de Mecsek) e da sua posterior abertura. "Na integração de centros mineiros e centrais eléctricas, a maior parte das minas anteriormente em funcionamento foram encerradas. (Em 2003: Balinka, Budaberke storage, Sajómercse, Mâkvolgy, Feketevolgy, Szuhakàlló; em 2004, as minas a céu

4 Nota: O rácio entre a produção bruta de energia eléctrica das centrais eléctricas (MWh/a) e o rendimento bruto titular (MW) é a utilização de toda a área da central eléctrica em rendimento (h/a). (STRÓBL A.: *Análise das alterações na manutenção eléctrica europeia e húngara, fornecendo estudos de segurança do abastecimento e de investigação da capacidade*).

aberto em Pécs, Màny, Armin, Lyukóbànya, Lencsehegy. Em 2005, o único centro de extração em profundidade era Màrkushegy e, além disso, Visonta, Bükkàbrâny e algumas outras pequenas minas a céu aberto em Borsod e no condado de Nógràd).

Em 2012, o desempenho das centrais eléctricas baseadas em biocombustíveis misturados com fontes maioritariamente de carbono pode ser visto no primeiro diagrama. Com base na soma destes números, o desempenho de cerca de 1 300 MW estava dentro do sistema, o que representou uma previsão de 13% do desempenho do ano de 2012. Se tomarmos como base o desempenho bruto de 2.000 MW da Central de Paks, que forneceu 45,9% da energia eléctrica em todo o país no ano em curso, estes dados, para além da utilização da energia nuclear, podem ser considerados valores significativos devido ao papel da Central de Mâtra.

No segundo gráfico, podemos ver a dispersão da utilização dos recursos energéticos nas centrais que transformam a energia do carvão e a utilizam, e o papel da central eléctrica de Mâtra é bastante notável. Assim, a análise deste meu projeto incide sobretudo sobre "uma das maiores centrais de produção de energia eléctrica, que é também a maior central a carvão da Hungria", segundo o comunicado oficial da central. [4] Analisando a situação atual do país, está em curso um método de mudança mais significativo, que afecta as centrais eléctricas, basicamente a produção de eletricidade a partir do carvão. Tendo em conta os aspectos da política energética e as diretivas da UE, a manutenção energética do país deverá ser assegurada por recursos cada vez mais renováveis num futuro próximo. O anúncio da Comissão Europeia estabelece oficialmente o seguinte: "a União Europeia está no bom caminho para atingir os seus objectivos, o que significa que, até 2020, 20% da sua utilização de energia deverá ser fornecida por recursos energéticos renováveis. Esta iniciativa faz parte de uma estratégia alargada da UE, que tem como objetivo reduzir as alterações climáticas. Isto é absolutamente positivo. A utilização em maior quantidade de energia eólica, solar, hídrica, das marés, geométrica e da biomassa pode diminuir a dependência da União Europeia em relação às importações de energia, além de estimular a inovação e o emprego." [5] No segundo diagrama, com base nos dados de 2012 sobre o consumo de energia da Hungria, e continuamente com base nos aspectos anteriormente especificados - podemos ver o grande papel que a central eléctrica de Mâtra tem no nosso país. Além disso, também podemos ver o rácio de utilização de outros recursos energéticos (gás, líquidos, etc.), que está num bom caminho para atingir os objectivos da UE, o que ajuda a manter um consumo de energia seguro e amigo do ambiente.

No segundo gráfico, com base nos dados de 2012 sobre o consumo de energia da Hungria, e continuamente com base nos aspectos anteriormente especificados, podemos ver o papel importante que a central eléctrica de Mâtra tem no nosso país. Além disso, também podemos ver o rácio de utilização de outros recursos energéticos (gás, líquidos, etc.), que se encontra num bom caminho para atingir os objectivos da UE, o que ajuda a manter um consumo de energia seguro e amigo do ambiente.

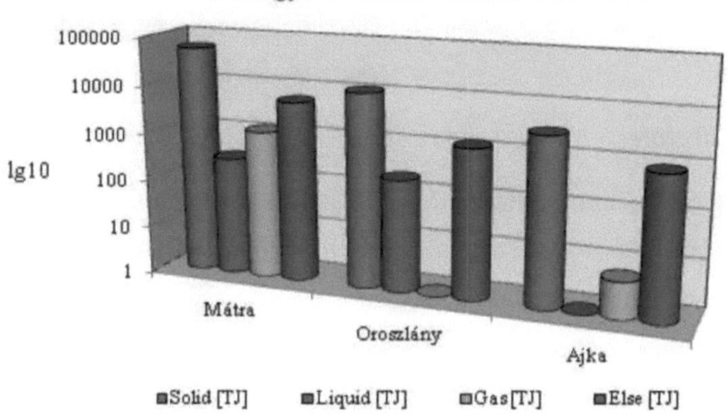

2. gráfico - Utilização de recursos energéticos "nas maiores centrais eléctricas existentes atualmente" 2012. Edição própria - com base em dados MAVIR. [3]

Nas partes seguintes da análise, concentro-me na Central Eléctrica de Mâtra e examino o estudo de caso da central, tirando daí a conclusão final. No terceiro diagrama, pode ver-se a declaração sobre as alterações na distribuição dos combustíveis energéticos compactos nos últimos 10 anos. Com base nisto, pode ver-se que, para além da utilização consideravelmente equilibrada da lenhite, a utilização de bio e "outros" lixos apareceu no mercado e, em consonância com isso, o rácio de utilização também diminuiu significativamente.

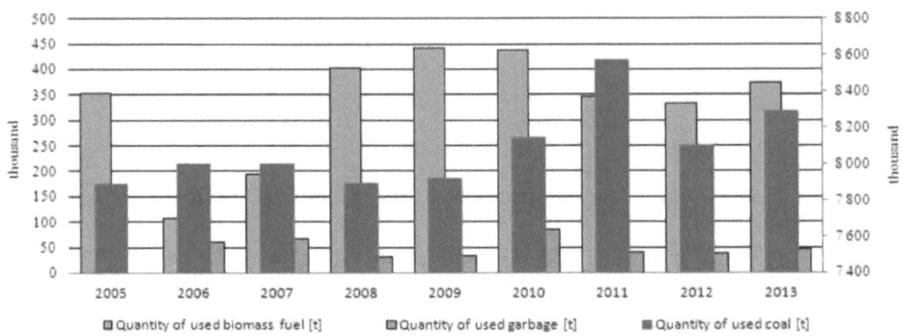

3. Gráfico - O rácio de combustíveis de betão usados na ME Zrt. Edição própria - com base em Mâtra Power Plant Zrt., Departamento de Engenharia Térmica; consultas e relatórios com associados, janeiro-fevereiro 2014

Podemos ver os dados no gráfico 3 e o papel significativo dos recursos de queima biológica e do carvão. É uma grande tarefa para uma central eléctrica manter o fornecimento e a distribuição destes recursos de queima, pelo que o risco de todo o processo é realmente elevado - basta pensar em casos de incêndio indesejados e nas suas consequências.

1.2 Conclusões parciais

Neste capítulo consegui analisar os dados de desempenho das centrais eléctricas na Hungria que funcionam com carvão e biomassa e o seu lugar na estrutura do processo de produção de energia húngaro com base nos dados e na situação actuais. Consegui também situá-las na indústria energética húngara, uma vez que confirmei o seu lugar através de dados de mercado.

2. Riscos

Atualmente, existem muitas definições bem conhecidas de gestão do risco, que podem ser explicadas independentemente do seu lugar na linha. Estas definições são as seguintes: risco, gestão do risco e processo de gestão do risco. Quando falamos de riscos, normalmente descrevemos diferentes acções, em que a consequência da incerteza tem um impacto no objetivo. As consequências da incerteza podem ser positivas ou negativas. O objetivo também pode ser variado: ambiental, de saúde, financeiro ou de segurança. A gestão de riscos é a coordenação de diferentes acções que visam a gestão e a regulação de uma organização.

2.1 Métodos de redução dos riscos na teoria e na prática[5]

Durante a gestão de riscos, as diferentes teorias e práticas de gestão reúnem-se e aplicam-se a todas as diferentes actividades organizacionais (por exemplo, comunicação, determinação e análise de riscos). Existem vários exemplos do passado, no ambiente das centrais eléctricas, destes processos que contribuíram para a segurança da produção e evitaram consequências negativas indesejadas. Basta olhar para os exemplos das centrais eléctricas nacionais para verificar que existem vários casos em que acontecimentos indesejados foram evitados através da aplicação de métodos de redução de riscos.

Estamos em sintonia com Anikó Schubert, que analisou e descreveu os riscos relacionados com as cadeias de abastecimento na sua publicação "Risk management in supply chains". Também gostaria de mencionar aqui Mentzer (2001), que afirmou que os membros da cadeia de abastecimento partilham os riscos entre si, apesar do facto de o montante dos riscos ser diferente para cada membro individual da cadeia. Este é exatamente o mesmo processo numa central eléctrica, uma vez que é realmente importante saber que tipo de consequências ou factores de perigo, ou a interação destes, se seguem a uma falha ou avaria.

---

5 Balâzs Zele: Future responsibility of risk management in fuel transport process mechanism at power plants, revista HADMÉRNOK (online), url: http://hadmemok.hu/154 04 zeleb.pdf

Existem várias publicações e estudos relacionados com o tema, mas, no que diz respeito à definição substancial, o resumo que se segue constitui uma excelente revisão (Zoltayné, 2002). *O risco* inclui a probabilidade de um evento ou acontecimento negativo. Tem 3 dimensões significativas: *probabilidade, complexidade* e *consequência.* A questão da complexidade dá a possibilidade de escolher entre os diferentes cenários, mas em quase todos os casos o ambiente ou os nossos próprios limites impedem o processo. A probabilidade pode ser medida, mas nunca podemos dizer uma informação concreta e precisa sobre ela, uma vez que, quando falamos de riscos, nunca podemos pensar em determinados eventos. No caso das consequências - como já foi referido - podemos encontrar consequências negativas e positivas.[6]

Durante a análise das causas dos incêndios, foi determinado que, na maioria dos casos, a principal causa era o erro humano e a combustão espontânea de pó de carbono durante o funcionamento normal. Obviamente, a probabilidade de ocorrência destes fenómenos pode ser reduzida significativamente através de vigilância contínua e de trabalhos de manutenção. Além disso, o erro humano e as interações comportamentais têm de ser examinados após uma identificação precisa, para que possam ser monitorizados e medidos mais tarde, e também para que possam ser incluídos nos regulamentos de segurança.[7]

Se olharmos para os exemplos que mencionámos, verificamos que a análise dos riscos é realmente importante e que também é necessário elaborar e utilizar métodos práticos no domínio das centrais eléctricas.

Existe uma norma sobre os fundamentos, métodos e processos de gestão do risco (ISO 31000/1) com os seguintes pontos:

- A gestão do risco tem de criar valor e tem de proteger os valores existentes,

- faz parte do processo de decisão,

6 Anikó Schubert: Risk management in the operation of supply chains (online), url: http://edok.lib.uni-corvinus.hu/295/1/Schubert101.pdf (descarregado: 2014.07.10.)
7 Balàzs Zele: Proteção do apoio logístico à central eléctrica de Mâtra para garantir o abastecimento de combustível Ano X. Número 2 - junho de 2015 (em linha), url: http://www.hadmernok.hu/152 06 zeleb.pdf

- tem de lidar com processos incertos,

- tem de ser uma componente básica do processo organizacional,

- tem de ser uma atividade bem estruturada, metódica e bem programada,

- tem de ser personalizado e tem de utilizar as melhores informações disponíveis durante o processo,

- tem de incluir factores humanos e, se necessário, culturais,

- tem de ser claro, dinâmico e tem de reagir às mudanças no tempo,

- tem de contribuir para o desenvolvimento e o crescimento da organização.

Se tentarmos sempre concentrar-nos nestes pontos e também darmos feedback no momento certo durante o processo, a gestão do risco pode atingir o seu objetivo: pode tratar e examinar o funcionamento do sistema.[8]

Nos currículos de "Sistemas críticos de segurança" do Dr. Jânos Abonyi e da Dra. Timea Fülep, ao definir os princípios básicos da gestão do risco, o risco e a redução dos riscos são definidos como definições básicas. Com base nisto, um risco não pode ser totalmente eliminado, uma vez que existe aqui um meio-termo, e também existe uma proporcionalidade entre os riscos e as medidas contra eles. No entanto, é dever do diretor da instalação e do arquiteto da estrutura técnica manter o nível de risco tão baixo quanto razoavelmente possível (ALARP: as low as reasonably possible). A estrutura é apresentada na figura 1.[9]

---

8 Revista da "Sociedade Húngara para a Qualidade" ano 2011/3. XX. nr. 03., publicação eletrónica: Dr. Albert Balogh: Risk Management and Risk Assessment (online), url:http://www.quality-mmt.hu/adat/fajlok/letoltesek/magyar-elektronikus-folyoirat/mm_2011/2011_03MM.pdf (atualização: 2014. 03.18.)

9 Dr. Dr. Jânos Abonyi, Dr. Timea Fülep: Universidade da Panónia Sistemas críticos de segurança (em linha), url: http://moodle.autolab.uni-pannon.hu/Mecha_tananyag/biztonsagkritikus_rendszerek/index.html (descarregado: 2014. 04.13.)

The concept of acceptable risk and ALARP

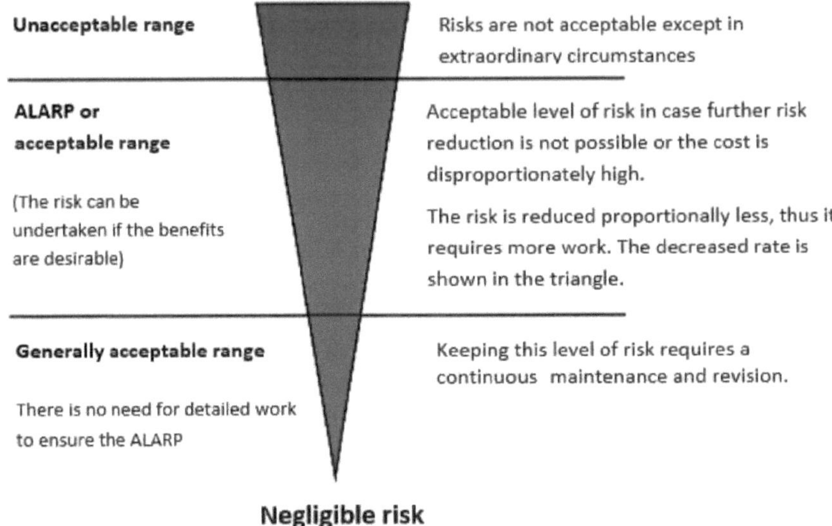

1. figura - método ALARP[10]

Pode ver-se na Figura 2 que os engenheiros que planeiam o sistema técnico podem enfrentar 3 situações possíveis. A primeira é quando os riscos não são aceitáveis, apenas no caso de circunstâncias extraordinárias no contexto. O risco é aceitável no intervalo aceitável, caso não seja possível reduzir ainda mais o risco ou as vantagens sejam aceitáveis. O terceiro nível é o intervalo geralmente aceitável, em que a manutenção do nível de risco exige uma manutenção e revisão contínuas. Para além disso, existem outros métodos de análise de risco, mencionados abaixo (matriz de risco, mapa de risco, etc.).

Quando falamos de uma matriz de risco, utilizamos um método de análise de risco baseado na determinação do risco, o que nos leva a criar um mapa de risco. Este pode ser visto na figura 2. As linhas na figura ajudam-nos a diferenciar os diferentes níveis

---

10 Dr. János Abonyi, Dr. Tímea Fülep: Universidade de Panónia Sistemas críticos de segurança (online), url: http://moodle.autolab.uni-pannon.hu/Mecha_tananyag/biztonsagkritikus_rendszerek/index.html
(descarregado:
2014. 04.13.)

de risco, e também dão a possibilidade de movimento entre os níveis. Este método ajuda a efetuar um exame prévio do risco, proporcionando uma análise do acontecimento de emergência indesejado e das suas consequências, bem como da sua probabilidade de ocorrência. Posteriormente, também podemos utilizar uma matriz de risco, que não só apoia e completa bem as tarefas de engenharia, mas também dá uma oportunidade para ilustrar os métodos de redução do risco. No entanto, a sua desvantagem é que só é capaz de examinar avarias pré-gravadas e que, na maioria dos casos, só é possível fazer exames subjectivos.

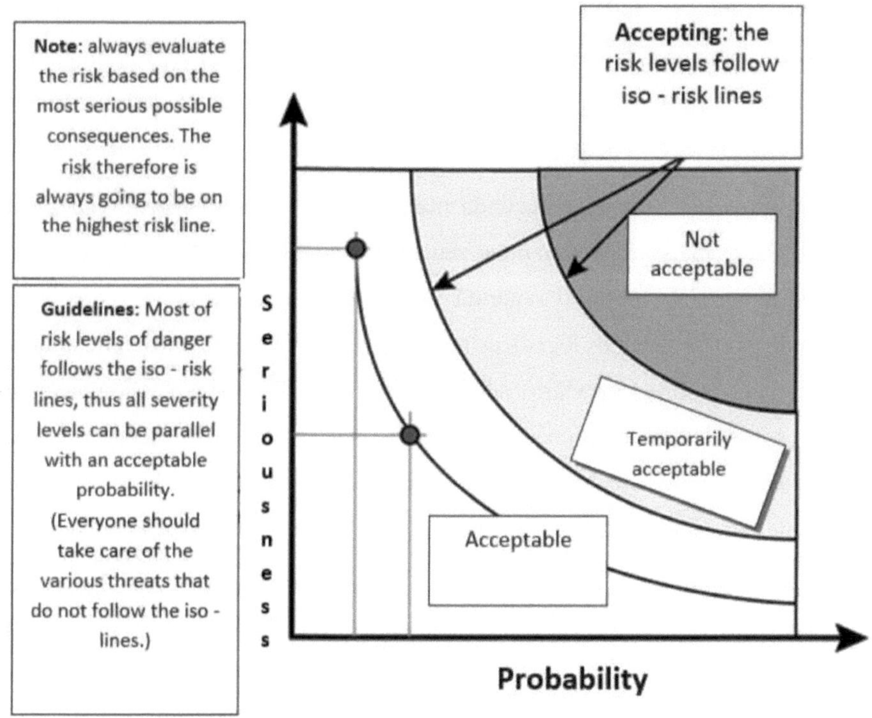

2. figura - Ilustração de um mapa de risco[11]

2.2 Consequências de danos no sistema de abastecimento de combustível

---

11 Dr. János Abonyi, Dr. Tímea Fülep: Universidade de Panónia Sistemas críticos de segurança (online), url: http://moodle.autolab.uni-pannon.hu/Mecha_tananyag/biztonsagkritikus_rendszerek/index.html (descarregado: 2014. 04.13.)

na cadeia logística[12]

Para resumir as consequências das falhas dos sistemas de apoio ao combustível no processo logístico, podemos dizer - como já referi numa das minhas publicações anteriores - que o sistema é realmente complexo, existindo vários campos e parâmetros que têm de ser tratados. A gestão também tem aqui um papel complexo, uma vez que a monitorização do sistema é da sua responsabilidade, o que é uma tarefa complexa. As falhas que podem surgir são influenciadas pela quantidade de combustível, pelos parâmetros ambientais inadequados e pela quantidade utilizada. A responsabilidade da gestão é lidar com as falhas operacionais (danos nas correias transportadoras, restauração de diferentes falhas após interferência de segurança, erros humanos) e manter a operação contínua e ininterrupta. É por isso que a direção tem de estar sempre preparada e todas as tarefas acima mencionadas têm de ser tratadas imediatamente.

A central eléctrica de Mâtra - a segunda maior central de produção de energia da Hungria - registou mais falhas durante o seu funcionamento, que foram bem geridas pelo pessoal humano da central e evitaram a perda de produção a longo prazo. Além disso, olhando para os sistemas logísticos tradicionais, também podemos ver exemplos semelhantes no transporte ferroviário, aéreo ou automóvel. Péter Bajor salientou na sua dissertação: o crescimento do trânsito conduzirá à rutura crítica de diferentes partes da rede. A prevenção das diferentes falhas operacionais é essencial através da criação de um sistema de regulação capaz de fornecer a reserva necessária.[13]

Se reflectirmos melhor sobre este método, verificamos que pode ser criado um sistema logístico centrado na gestão para controlar também os sistemas de transporte de combustível. Este pode ser um subsistema de logística, que seria uma parte especial da estrutura de controlo na logística das unidades de produção de energia. Assim, o controlo, a monitorização e a regulação deste processo seriam a função de gestão na

---

12 Balàzs Zele: Responsabilidade futura da gestão do risco no mecanismo do processo de transporte de combustível nas centrais eléctricas, revista HADMÉRNOK (em linha), url: http://hadmernok.hu/154_04_zeleb.pdf
13 Péter Bajor: Logistic system modeling of wired supply networks, PhD theses 2013., (online), url: http://mmtdi.sze.hu/images/Dokumentumok/BajorP_Tezisfuzet_2013.pdf (downloaded: 2014. 05. 20.)

central.

O uso e a exploração de recursos energéticos alternativos e renováveis também requerem regulamentação de gestão, assim como o sistema que utiliza biomassa misturada com outros combustíveis para a queima. Este sistema pode também ser benéfico com o investimento em energia solar, que pode ser o maior sistema solar do país, misturado com a queima de lenhite na segunda maior central eléctrica da Hungria. Isto contribui para o papel significativo da gestão de acordo com a segurança e a proteção energética também.[14]

A gestão é responsável por organizar e controlar o processo, manter o equilíbrio e controlar os diferentes processos de transporte de combustível dentro e fora da central eléctrica. No futuro, o sistema monitorizará os dois mecanismos da central, para além do apoio técnico e dos processos de controlo. A gestão dos riscos - para além das actividades de prevenção e da proteção eletromecânica - planeia e controla os diferentes processos de transporte de combustível. Pode ser a queima de lenhite (carvão) ou - como está a funcionar na central de Mâtra - também a produção de energia por queima mista de biomassa. O planeamento e a monitorização do sistema requerem empenho e atenção, o que pode exigir um novo grupo de trabalho na gestão como uma unidade de monitorização da gestão de riscos. Algumas questões e problemas podem surgir durante o processo, e o pessoal tem de estar preparado para estas situações com uma estratégia previamente determinada. Na minha opinião, os seguintes pontos devem ser envolvidos no processo de planeamento:

- Quantos e que tipo de fornecedores transportam a biomassa para a central;

- processamento, planeamento do processo de homogeneização, marcação do local ideal para

cumprindo o processo;

- As quantidades, a extensão das vias de transporte têm de ser incluídas no planeamento, bem como os sistemas de inspeção e segurança (câmaras, alarmes de

---

14 Página inicial da Mâtra Power Plant Ltd. (em linha), url: http://www.mert.hu/hu/merfoldko-a-hazai-zoldenergiaban (descarregado: 2014. 05. 25.)

incêndio, sistema de alarme);

-   impacto do pessoal envolvido no processo, risco deste impacto;

-   custo (organização da estrutura do sistema) do processo (transporte, processamento, homogeneização, transporte).[15]

Em suma, a gestão é responsável pelos pontos acima mencionados e por planear uma estrutura adequada para controlar e monitorizar o sistema e fornecer todos os pontos mencionados. Não se trata apenas do controlo das técnicas de segurança e dos diferentes sistemas de segurança, mas também do lado dos custos do aspeto logístico. Os custos de transporte e a estrutura de segurança do sistema logístico estão envolvidos neste aspeto logístico. Também é necessário garantir que todos os parceiros que estão ligados à fábrica estão a cumprir os pontos e requisitos previamente acordados. Além disso, também é necessário monitorizar que tipo de produto é fornecido por que fornecedor, e também é importante aqui que a biomassa também chegue à área da fábrica, pelo que, tendo em conta os diferentes materiais, a quantidade necessária deve ser homogeneizada. Também têm de lidar com transportes cancelados ou fornecedores que não podem prestar o serviço apesar do acordo, pelo que os aspectos de risco que possam surgir aqui também têm de ser incluídos nas questões de risco pela gestão. Além disso, a manutenção e a disponibilização de meios de transporte dentro da fábrica e a questão dos custos relacionados com este tópico também podem ser um ponto de risco.

Com base no que foi dito anteriormente, eis uma figura de síntese (figura 3):

---

15 Edição própria baseada na brochura "Green Society, Green Economy, Innovation Conference", (em linha), url: http://innovacio.karolyrobert.hu/download/Konf 2012 06 07 harmadik%20innovacios%20konferencia.pdf (descarregado: 2014. 06. 07.)

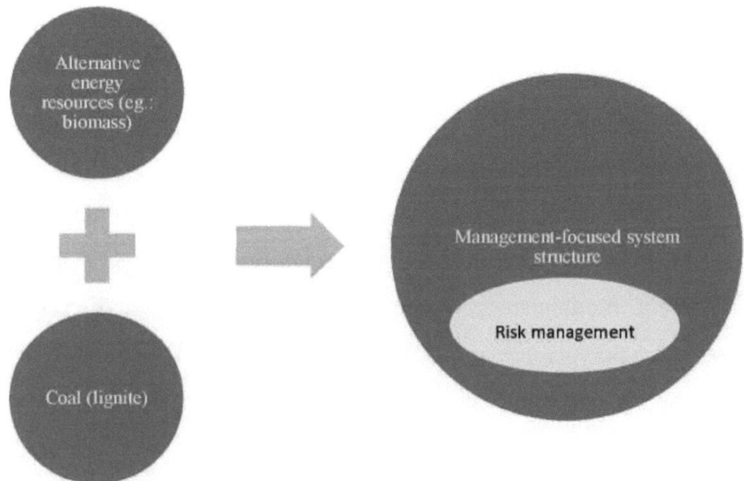

3. figura - Estrutura do sistema centrado na gestão (figura auto-editada)

2.3 Apoio logístico na gestão dos riscos[16]

Quando se trata de centrais eléctricas alimentadas por energias fósseis ou renováveis, o percurso do combustível desde a mina até ao forno é muito longo e pode ser dividido em mais secções. É necessário monitorizar o sistema desde o início, independentemente de considerarmos processos de segurança ou diferentes questões mecânicas. Os seres humanos, como parte muito importante do sistema, podem monitorizar e controlar todo o processo. Neste caso, a questão mais importante é manter continuamente a estrutura centrada no sistema logístico, em que a gestão está sempre atenta, mas só interrompe quando é absolutamente necessário. Os processos básicos de gestão do risco são da responsabilidade de um novo grupo que não pode ser orientado para o sistema, mas tem uma estrutura básica e permanente em linha com todo o sistema.

O ciclo combinado de gaseificação integrada (IGCC)[17] parece vantajoso do ponto de

---

16 Balàzs Zele: Responsabilidade futura da gestão do risco no mecanismo do processo de transporte de combustível nas centrais eléctricas, revista HADMÉRNOK (em linha), url: http://hadmernok.hu/154_04 zeleb.pdf

17 Nota: método baseado no carvão puro, em que o carvão reage com oxigénio e vapor de água, criando assim um gás combustível constituído por CO e H. O gás combustível é utilizado após uma turbina a gás de limpeza adequada, sendo então queimado. O calor gerado pelo processo pode ser transformado em energia eléctrica. Uma grande vantagem desta tecnologia é o facto de as instalações que a utilizam funcionarem com maior

vista tecnológico, e o armazenamento, o transporte e o encaminhamento do carvão até aos fornos aqui definidos devem ser utilizados na prática.

O sistema de controlo e monitorização acima descrito também pode ser utilizado durante a utilização de energias renováveis em instalações. No futuro, independentemente da forma como a política energética está a ser moldada, o transporte e o armazenamento seguro dos recursos energéticos primários também serão provavelmente uma tarefa fundamental. O desenvolvimento tecnológico está a aumentar e é por isso que o pessoal humano também precisa de ser desenvolvido no campo da vigilância, uma vez que este é um elemento crítico da questão da logística energética.

Os riscos podem surgir no caso de subcontratação de diferentes actividades, ou de envolvimento de serviços externos em diferentes processos, quando colaboradores externos entram na área da central. Podemos também tomar como ponto de partida o início do processo de transporte, quando diferentes fornecedores transportam combustíveis para a área da central, seja por via rodoviária, ferroviária, etc. Podemos ainda referir situações em que o processo normal de funcionamento é interrompido, o que pode levar a avarias tecnológicas ou mesmo ao incumprimento de contratos.

A perda de controlo é também uma questão importante, que, mesmo no caso de um contrato legal, tem de ser tida em conta pela organização operacional. A instalação operacional tem de considerar previamente as diferentes situações a longo prazo, quando pode perder o controlo da vigilância, a influência ou a capacidade de interferência da operação. Uma solução fácil e lógica pode ser o armazenamento cuidadoso, fornecendo a quantidade adequada de combustível para criar condições seguras e adequadas para a produção de energia.[18]

Este processo não é novo, uma vez que tem estado a funcionar na central eléctrica de Mâtra, onde o armazenamento de combustível é absolutamente necessário para manter

---

eficiência. [6]
http://www.kankalin.bme.hu/Dok/eloadasok/energiatermeles/energia4.pdf
18 Anikó Schubert: Risk management in the operation of supply chains (online), url: http://edok.lib.uni-corvinus.hu/295/1/Schubert101.pdf (descarregado: 2014.07.10.)

a segurança da produção de energia.

Se pensarmos um pouco mais e tentarmos adaptar esta linha de pensamento aos sistemas de apoio de combustível das centrais de co-combustão, para planear a gestão de riscos e os planos de capacidade temos de ter em consideração esta estrutura, assim podemos reduzir os riscos e também aumentar o nível de segurança. É essencial que a gestão do risco controle e supervisione o processo de apoio e manutenção do combustível, pelo que, na vida de uma central eléctrica que combina combustíveis fósseis com biomassa, é a questão mais importante para manter o nível de segurança na operação e na produção de energia.

Se olharmos para o processo de um ponto de vista de redução de risco, após o mapeamento de risco, a quantidade de pontos de risco tem de ser reduzida, o que será uma responsabilidade da gestão. Não podemos esquecer o facto de estarmos a analisar todo um processo, uma vez que o serviço de produção de energia é um sistema complexo, tendo como elemento básico o suporte adequado de combustível e a manutenção de um contexto operacional seguro.

De acordo com a minha ideia e com o Mavir Mazine 2003/II/1, os princípios básicos dos métodos de gestão do risco também podem ser utilizados na área das centrais eléctricas, uma vez que o processo pode ser criado com base nos processos quotidianos e práticos das centrais eléctricas. Este método é construído como ilustrado na figura 4.

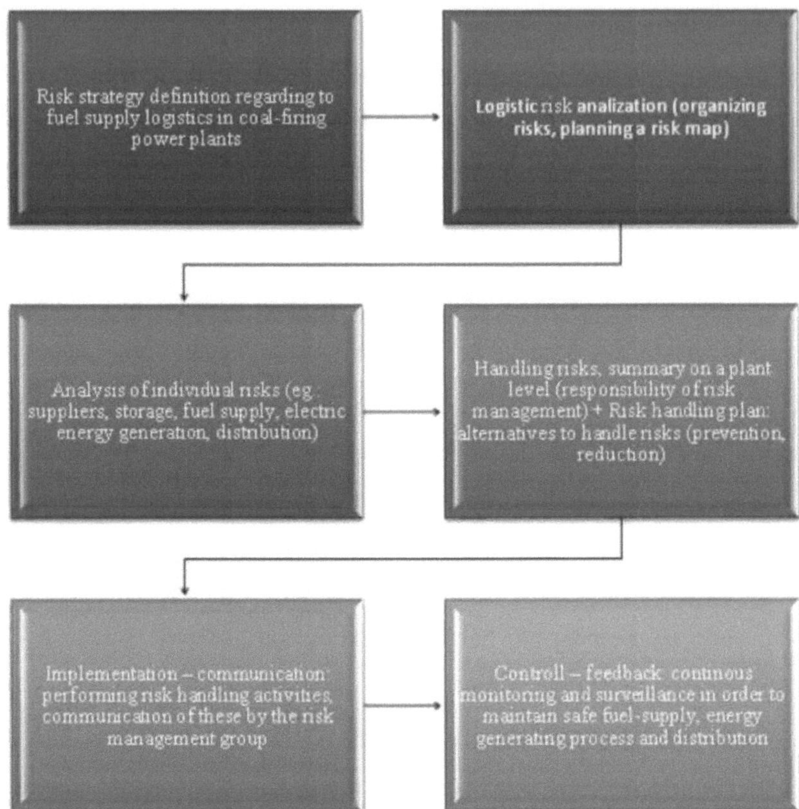

4. figura - Gestão dos riscos a nível das centrais eléctricas (figura criada por Balàzs Zele com base na revista Mavir 2003/II/1)[19]

2.4 Conclusões parciais

Podemos criar um sistema logístico orientado para a gestão no sistema logístico como um todo, a fim de monitorizar o transporte de combustível. Esta estrutura de vigilância poderia ser uma parte especial do sistema logístico das centrais de produção de energia, e o seu principal órgão de controlo e interferência seria a direção.

Os processos de transporte de combustível são coordenados pela gestão do risco nas

19 Revista MAVIR: ano 2013, número II. (em linha), url:
http://www.mavir.hu/documents/10258/188160300/2.+sz%C3%A1m+vegleges.pdf/8eeb2b2d-8c30-4bac-84c6-77d7615d5252;jsessionid=ZzmjSq3GXy4pYG1yth26hD5fFhp9ylCXmvCBDP2nknC0PBQ2TPB2!1946093811!NONE!1382725574484?version=1.0 (downloaded: 2014. 01. 24.)

centrais eléctricas alimentadas a lenhite e a energias alternativas. Examinei a estrutura de proteção da propriedade no apoio logístico, analisei as funções e os processos de gestão e de gestão do risco. Quando falamos de gestão e do seu papel em torno das falhas do sistema de queima e de abastecimento de combustível, apercebemo-nos de que se trata de uma área complexa. Os gestores têm a responsabilidade de monitorizar o sistema complexo, com destaque para os aspectos de segurança.

Consegui analisar, através da estrutura logística centrada no sistema, os sistemas de abastecimento de combustível das centrais eléctricas, especialmente as centrais que utilizam carvão ou outros recursos energéticos alternativos para gerar eletricidade.

Os princípios básicos da gestão de riscos também podem ser utilizados ao nível das centrais eléctricas, uma vez que têm de ser estruturados com base nos processos práticos do dia a dia. Criei a estrutura da gestão de riscos em centrais eléctricas que nos mostra como podemos construí-la a partir do zero nas centrais eléctricas alimentadas a combustíveis fósseis no futuro. A linha básica aqui é identificar os riscos e perigos potenciais nas partes de abastecimento de fogo da central e temos de os resumir e criar um plano de risco com diferentes acções de tratamento de risco. No final do processo, é necessário manter a comunicação com a equipa de gestão de riscos.

Nesta estrutura, a estrutura centrada no sistema logístico da operação está continuamente em curso, em que a gestão do risco está sempre consciente, mas só intervém quando é absolutamente necessário. Tem de ser criado um novo grupo para cobrir as responsabilidades da equipa de gestão do risco, que não pode estar centrada no sistema, mas tem uma estrutura básica e permanente em linha com todo o sistema.

3. Aspectos logísticos do sistema de abastecimento de combustível em centrais eléctricas a carvão

3.1. Cadeia de abastecimento e logística na produção de centrais eléctricas[20]

Com base na dissertação do Dr. Estók Sàndor[21] , em diferentes formações e palestras educativas e nas nossas dissertações comuns[22] , podemos dizer que nunca ninguém discutiu numa dissertação científica o complexo sistema de sistemas logísticos em centrais eléctricas a lenhite e biomassa. Na minha opinião, é essencial nas centrais eléctricas a carvão abranger toda a informação sobre a sinergia dos diferentes elementos logísticos e o seu papel em todo o sistema, a fim de manter o funcionamento seguro da central. Aqui podemos discutir não só os diferentes elementos e o seu efeito uns sobre os outros, mas também a conformidade de cada elemento do sistema, uma vez que cada um deles tem de funcionar corretamente para proporcionar uma base segura para o processo de produção seguro.

Assim, com base na gestão da cadeia de abastecimento, resumi na imagem seguinte quais são os elementos que têm de trabalhar em conjunto e também isoladamente numa central eléctrica. Basicamente, podemos falar sobre o efeito que estes elementos do sistema têm uns sobre os outros durante o trabalho, e os processos básicos na central que precisam de estar continuamente a funcionar. O ponto ótimo - ou o objetivo básico - é quando podemos satisfazer as necessidades dos consumidores do lado da produção de forma a utilizar a capacidade da central de forma óptima, para além da máxima segurança e consciência de manutenção. Podemos dividir a estrutura principal em duas secções:

---

20 Balàzs Zele: Innovation areas of energy security in power generation plants, revista Bolyai Review ISSN 1416-1443, publica artigos sobre aspectos científicos aplicados das ciências militares, da logística militar, das ciências da comunicação e da informática e das catástrofes (em linha), url: http://uni-nke.hu/uploads/media items/bolyai-szemle-2015- 01.original.pdf
21 Dissertação do Dr. Estók Sandor (em linha), url:
http://uni-nke.hu/downloads/konyvtar/digitgy/phd/2011/estok sandor.pdf (descarregado: 2014.11.19.)
22 Consulta: uma reunião semanal programada, durante a qual realizei entrevistas com peritos de diferentes áreas da central eléctrica

- Sistemas de infocomunicação: podemos distinguir os sistemas informáticos

Processos de otimização: podemos diferenciar aqui os diferentes sistemas de manutenção que têm a responsabilidade de fornecer a quantidade necessária de combustível e de gestão de stocks.

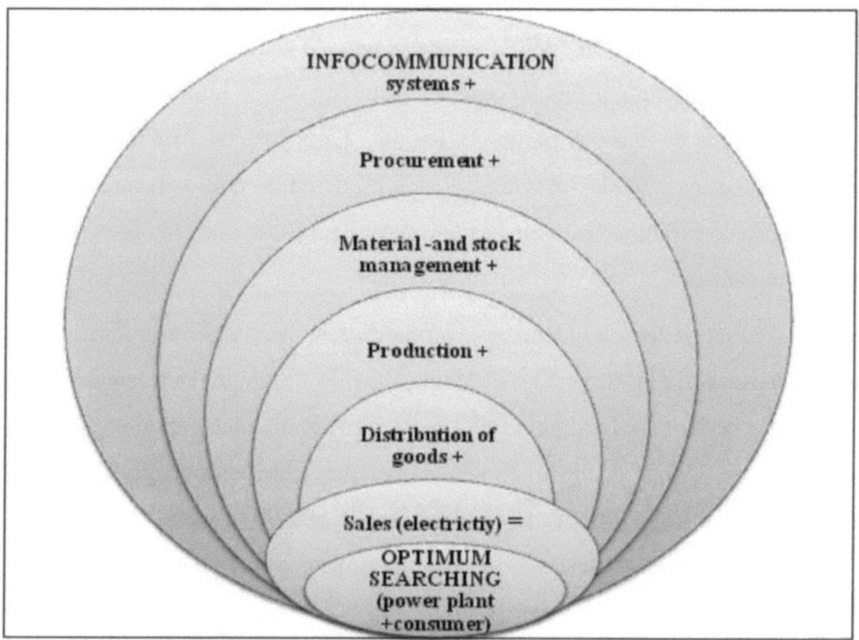

5. figura - Cadeia de abastecimento e logística na produção de centrais eléctricas (edição própria baseada na palestra do Dr. Estók Sàndor)

3.2. Utilização de sistemas logísticos em rede e centrados em rede em centrais eléctricas[23]

[st]Olhando para a ciência da logística no século XXI, podemos distinguir dois tipos de sistemas: sistemas logísticos centrados na rede e sistemas logísticos centrados na rede.[24] O sistema centrado na rede é vertical, o sistema de rede é um sistema construído

---

23 Balázs Zele: Áreas de inovação da segurança energética nas centrais de produção de eletricidade, revista Bolyai Review ISSN 1416-1443, publica artigos sobre aspectos científicos aplicados das ciências militares, logística militar, comunicações
e ciências informáticas e catástrofes (em linha), url: http://uni-nke.hu/uploads/media_items/bolyai-szemle-2015- 01.original.pdf
24 Dissertação do Dr. Estók Sandor: Informação controlada - logística orientada para a rede, (online), url:

horizontalmente. Uma diferença essencial entre os dois sistemas é que, no sistema centrado na rede, existe um fluxo de materiais em tempo real, em que todas as redes funcionam num sistema coerente. Trata-se de uma perspetiva completamente nova na ciência moderna da logística, em que o tempo de reação da rede pode ser acelerado, a eficiência pode ser aumentada e o tempo do processo pode ser reduzido. Mais subsistemas estão a trabalhar em conjunto e, neste caso, o sistema de combustível da central eléctrica tem uma nova função com o abastecimento de biomassa ao lado da produção de energia de base a partir de lenhite. Este sistema orientado para a informação pode ser expandido - devido à forma moderna de pensar tecnicamente - com um elemento de garantia e reforço da segurança. Este é um elemento tão essencial e importante no sistema como o fluxo de informação.

Atualmente, a concorrência, a vantagem competitiva, a estratégia empresarial e a cooperação adequada da informação e do conhecimento desempenham papéis muito importantes, mas podem ser facilmente ofuscados por um acontecimento inesperado, uma estratégia não elaborada ou a ausência de alguns elementos estratégicos. A produção segura de energia tem de ser contínua, o que tem de se basear num sistema seguro e fiável - este é um requisito absoluto no sector energético atual, no início da utilização de energias renováveis.

Outro elemento pode ser adicionado à estrutura da rede logística e ao sistema logístico, que é o elemento de segurança e proteção. Pode ver-se a imagem desenvolvida a seguir, com base na tese de Sàndor Estók.

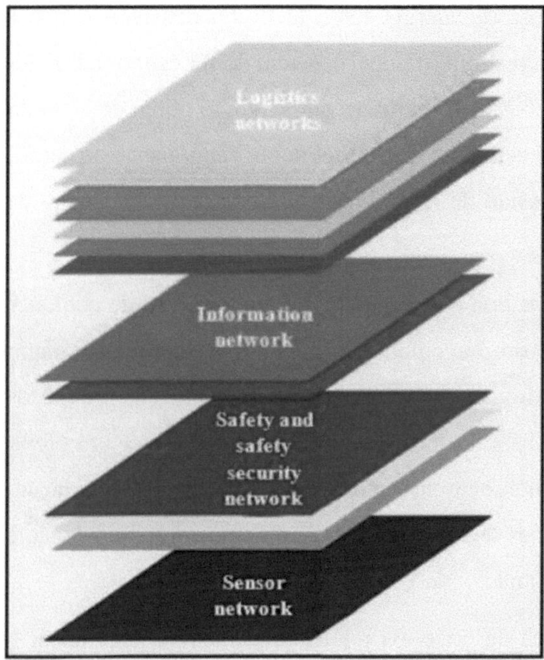

6. figura - Figura modificada da rede do sistema (edição própria, baseada nas conversas com o Dr. Sàndor Estók)

De seguida, coloco a tónica nas ligações em rede: *"[...] o pano de fundo de um sistema económico e social eficaz é o resultado de um processo logístico bem organizado que se baseia num sistema de cadeia de abastecimento. Para o conseguir, primeiro temos de juntar os elementos principais."*[25]

Assim, temos de conhecer todos os pormenores e elementos do nosso ambiente económico e social, para além das tecnologias actuais e futuras. Isto é importante para criar um sistema completo que acrescente os pontos de segurança e proteção para ser optimizado.

3.3. Logística centrada na segurança e na área

No que diz respeito à logística baseada na informação, penso que é essencial realizar testes e exames contínuos e exaustivos, a fim de manter a melhoria contínua em

---

25 Dr. Sàndor Estók: Logística interdisciplinar integrada e orientada para a rede (em linha), url: http://portal.zmne.hu/download/bjkmk/bsz/bszemle2009/3/02_estok.pdf (descarregado: 2014. 11.18.)

paralelo com a segurança e a produção de energia sustentável. Os possíveis danos e lesões pessoais são, obviamente, factores importantes, mas têm de ser examinados não só pelo lado humano. Também é importante olhar para o assunto do ponto de vista da central eléctrica e utilizar todo o conhecimento que temos sobre segurança e proteção, independentemente de se tratar de gestão de riscos, legislação de regulamentação da segurança ou qualquer outro tópico.

É essencial ter reacções rápidas e uma boa comunicação interna em caso de qualquer tipo de risco ou acontecimento perigoso. No entanto, é mais importante ter um plano de segurança e de crise bem preparado, com processos concretos, a fim de reduzir os danos. Na literatura científica, todas as situações são crises, que podem ter um efeito prejudicial na organização e no seu funcionamento, bem como na sua reputação. Situações como esta podem ser debates legais, roubo, acidente, incêndio, inundação e outros danos causados por falha humana.[26]

Quando estamos a discutir os planos de crise, os possíveis planos de segurança, o mapeamento dos caminhos de fuga, as pessoas responsáveis em caso de crise são os pontos necessários a incluir. Não só é importante ter uma gestão de crise adequada e um plano de crise para entrar em ação em caso de necessidade, como a comunicação de crise a nível externo e interno também é um tópico fundamental. Se nos atrasarmos com a informação, independentemente da parte interessada, estamos a arriscar a reputação de todo o estabelecimento, colocando em risco as suas ligações e receitas. As partes interessadas podem ser relações com os meios de comunicação social, empregados, acionistas ou fornecedores.[27]

É atual numa central eléctrica a carvão, uma vez que a ignição espontânea é um fator de perigo em todos os locais: na correia transportadora, junto aos fornos. Estas áreas devem ser objeto de uma atenção especial em todo o processo de produção de energia, tendo em conta a ligação entre cada elemento, sem faltar nenhum dos elementos de

---

26 Sandra K. Clawson Freeo: Crisis Communication Plan: A PR Blue Print (online), url: http://www3.niu.edu/newsplace/crisis.html#1 (descarregado: 2015. 03. 08.)
27 Gyorgy Kovagó, Róbert Barlai: Gestão de crises, comunicação de crises. Budapeste, Editora Szazadvég, 2004

produção ou de distribuição de energia. O Dr. Sàndor Estók já nos mostrou como é importante estar informado em logística e como é importante utilizar a informação e os pormenores fornecidos - isto é necessário no processo de tomada de decisão. Além disso, é também essencial ser rápido nas reacções em matéria de segurança e é também um tópico central ter o mínimo possível de efeitos e eventos prejudiciais, independentemente de estarmos a discutir factores económicos ou humanos.

Considerando os factores de gestão das instalações e de eficiência do sistema, um ponto estratégico futuro é a substituição do armazenamento de carvão a céu aberto por formas de armazenamento interno fechado. Isto teria um impacto positivo nos processos da técnica de queima a longo prazo. Além disso, como já referi anteriormente, é absolutamente importante na investigação e desenvolvimento, uma vez que influencia o sistema de segurança da manutenção.[28]

O risco e o perigo fazem parte do nosso quotidiano agitado, e temos de nos proteger também quando olhamos para uma fábrica - especialmente quando olhamos para o sistema logístico, para os seus subtópicos ou para todo o sistema em si. Para completar o sistema de informação, o papel da segurança está a tornar-se cada vez mais importante. Na área das centrais eléctricas, é o seguinte:

- Tecnologia da cadeia de abastecimento e do fluxo de materiais

- Trabalho harmonizado e comum no sistema de produção de energia

- Harmonização dos diferentes elementos do sistema dentro e fora da central; (integração central - mina - armazenagem de carvão

- Resposta rápida a diferentes situações em caso de incêndio ou acidente

- Manutenção do sistema seguro, eliminação de elementos críticos do sistema, redução do papel do erro humano

- Certificar-se de que cada elemento do sistema está a funcionar por si só

28 Balâzs Zele: Segurança na área das centrais eléctricas: soluções de armazenamento de carbono para um fornecimento de energia eficiente e seguro, revista HiRVILLAM 2013. (em linha), url: http://archiv.hhk.uni-nke.hu/uploads/media items/hirvillam-4- evfolyam-2 -szam.original.pdf

Como conclusão, podemos dizer que o futuro da geração de energia é o trabalho harmonizado de diferentes elementos do sistema, além da manutenção e operação seguras e protegidas no ponto focal. [29]

Como se pode ver na figura 7, resumi a cooperação e a harmonização das questões de segurança do abastecimento e do sistema logístico na produção de energia eléctrica em centrais a carvão. Olhando para todo o sistema, a manutenção do fornecimento de energia recebe uma atenção especial, com um grande enfoque na utilização de recursos energéticos renováveis em vez de combustíveis fósseis e na investigação e desenvolvimento relacionados com a implementação de novas formas de produção de energia a partir de energias renováveis. Para além disso, a questão das técnicas de segurança e da produção segura de energia é também essencial no processo de produção de energia - é isso que nos dá a base para uma produção segura e harmonizada.[30]

Temos de garantir que a central dispõe de stocks de reserva para o futuro na sua área de abastecimento logístico, situada em redor da central. Isto baseia-se no trabalho correto dos blocos e das correias transportadoras e na construção e manutenção de todo o sistema e dos seus elementos. A fim de acompanhar a procura futura de energia, recomenda-se a utilização e o desenvolvimento deste método também no domínio da produção de calor e de energia eléctrica, para não mencionar a criação da combinação da cadeia de abastecimento e da logística da nova era. Para além do facto de criar um sistema sinérgico e a definição de um método de boa cooperação, também chama a atenção para a poupança de energia. Graças a alguns aspectos das novas tecnologias de inovação, podemos moldar a mentalidade da sociedade atual no sentido de uma produção de energia mais limpa e segura. Com base nisto, podemos garantir uma energia futura segura e sustentável, ligando as diferentes áreas no âmbito da

29 Balâzs Zele: Segurança na área das centrais eléctricas: soluções de armazenamento de carbono para um fornecimento de energia eficiente e seguro, revista HiRVILLAM 2013. (em linha), url: http://archiv.hhk.uni-nke.hu/uploads/media items/hirvillam-4- evfolyam-2 -szam.original.pdf
30 Balâzs Zele: Segurança na área das centrais eléctricas: soluções de armazenamento de carbono para um fornecimento de energia eficiente e seguro, revista HiRVILLAM 2013. (em linha), url: http://archiv.hhk.uni-nke.hu/uploads/media items/hirvillam-4- evfolyam-2 -szam.original.pdf

mentalidade do sistema logístico.

Em caso de produção a plena capacidade - no distrito de desempenho do fornecimento - a central eléctrica é capaz de funcionar na sua capacidade máxima, o que significa que pode ser utilizada a 100% da produção nominal. Por novos elementos inteligentes do sistema entendo a chave para a utilização e o funcionamento da rede, que é fornecida pela informação e pelo seu fluxo. É construído no sistema da figura 7 abaixo, o que cria um sistema sinérgico que se baseia no contacto estreito entre os diferentes elementos do sistema.[31]

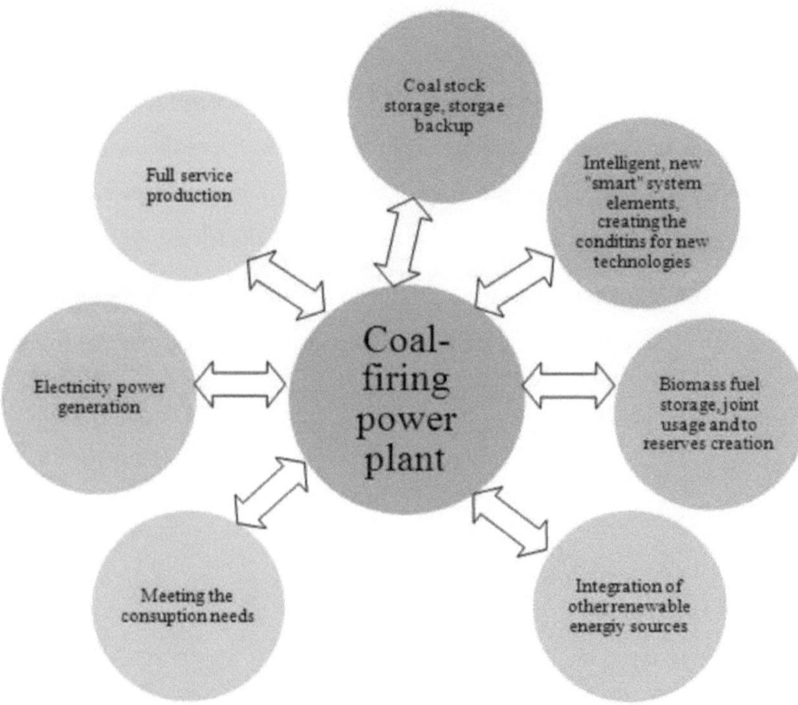

7. figura - Área de abastecimento logístico (edição própria baseada na palestra do Dr. Estók Sàndor)

3.4. Conclusões parciais

[st] Para além das realizações técnicas e dos desenvolvimentos contínuos no século XXI,

---

31 Balàzs Zele: Segurança na área das centrais eléctricas: soluções de armazenamento de carbono para um fornecimento de energia eficiente e seguro, revista HiRVILLAM 2013. (em linha), url: http://archiv.hhk.uni-nke.hu/uploads/media items/hirvillam-4- evfolyam-2 -szam.original.pdf

penso que é importante dizer algumas palavras sobre o sistema logístico inteligente, que visa melhorar o funcionamento seguro e fiável de diferentes locais, e também ter cada vez mais inovações sobre um ambiente mais limpo.

Consegui criar uma figura sobre a gestão da cadeia de abastecimento, que mostra as diferentes secções do fluxo de materiais nas diferentes secções da cadeia de abastecimento de uma central eléctrica. Deste ponto de vista, o processo de produção avança para o ponto ótimo sobre duas pernas: sobre a perna do desenvolvimento dos diferentes sistemas de infocomunicação e sobre a perna da cadeia logística detalhada.

Analisando a rede e os sistemas centrados na rede, falei sobre o papel de envolver a segurança a um nível mais alargado no sistema; sem isso, podem surgir problemas graves e sérios durante a produção. Além disso, também descrevi em pormenor a gestão de crises e os actos de comunicação de crises necessários em caso de emergência. Por último, mas não menos importante, resumi os diferentes elementos do sistema de abastecimento logístico na vida de uma central eléctrica.

Podemos concluir que podemos garantir a produção de energia segura e sustentável se permitirmos a utilização consciente e frequente do ponto de vista do sistema logístico

4. Áreas de inovação da segurança energética nas centrais de produção de energia eléctrica

4.1. Suporte logístico de sistemas de infocomunicação e de redes em centrais eléctricas[32]

Nos capítulos anteriores, analisei as alternativas que servem o processo de produção de energia segura e que respondem às necessidades dos clientes nas centrais eléctricas a carvão, no que diz respeito às técnicas de segurança e à segurança ambiental. Já pensou no fornecimento de energia à Hungria no caso de a central eléctrica de Mâtra sair do sistema? Temos de considerar todos os aspectos das técnicas de segurança quando analisamos a gestão da cadeia de abastecimento numa central eléctrica, a fim de manter a produção de energia segura. Considerando o fornecimento de eletricidade húngaro e os regulamentos de ligação, podemos seguramente afirmar que a central eléctrica de Mâtra tem um grande impacto na política energética do país.

Consideramos os elementos seguintes como elementos básicos do processo de produção de energia e de segurança:

- armazenamento de carvão como segurança de abastecimento na central eléctrica

- garantir a segurança da rede de aprovisionamento de carvão

- fazer face às necessidades dos clientes de todos os tempos

- distribuição de energia aos consumidores de forma segura.

A interrupção de qualquer um destes elementos pode ter consequências muito graves e, por vezes, até o sistema de acionamento tem de entrar em ação. Em alguns casos, pode ocorrer um problema mais grave que - do ponto de vista do abastecimento de energia - pode dar início a uma série de reacções na cadeia de abastecimento. A minha investigação anterior abrangeu principalmente o processo de produção de energia,

---

32 Balâzs Zele: Innovation areas of energy security in power generation plants, revista Bolyai Review ISSN 1416-1443, publica artigos sobre aspectos científicos aplicados das ciências militares, logística militar, ciências das comunicações e informática e catástrofes (em linha), url: http://uni-nke.hu/uploads/media items/bolyai-szemle-2015- 01.original.pdf

desde a fase de extração até à utilização da lenhite. No entanto, em ligação com isto, pensei que valeria a pena escrever uma análise sobre a distribuição de eletricidade. Também consegui encontrar alternativas que reforçam a segurança do aprovisionamento em tais unidades de produção de energia e, no caso de as utilizar, a segurança do aprovisionamento pode tornar-se muito mais forte.

Quando analisamos uma central eléctrica de produção de energia a partir de lenhite, temos de minimizar a oportunidade de qualquer tipo de aspeto que possa prejudicar os sistemas da cadeia de abastecimento de segurança e de combustível. Neste capítulo, criei um modelo centrado no sistema que pode ser adequado para o rastreio de dependências. Os peritos que trabalham nas áreas das centrais eléctricas enfrentam grandes desafios ao mapear diferentes perigos e danos na cadeia de abastecimento e ao criar mecanismos de defesa para estas dificuldades. O rastreio e a revisão do processo também podem ser um problema, mesmo no futuro. A análise dos diferentes elementos do sistema de interligação de uma central eléctrica desempenha um papel importante - tudo está ligado a tudo. Este facto tem de ser tido em consideração e todos os mecanismos de ligação têm de ser assegurados em qualidade e quantidade adequadas. No entanto, não é suficiente que todos os elementos criem uma grande unidade como um todo, mas todos eles devem funcionar perfeitamente por si próprios.[33]

De acordo com a diretiva UE 2020[34] , a central eléctrica de Mâtra está no caminho certo ao utilizar a mistura de biomassa e lenhite no processo de combustão. Assim, o papel da biomassa e a sua utilização em maior quantidade está a tornar-se cada vez mais importante do ponto de vista técnico, perigoso e de segurança. A integração de recursos de energia renovável no sistema de produção de eletricidade pode garantir a segurança do abastecimento - como já começou a ser feito na central, utilizando a mistura de lenhite e biomassa.

4.2. Sistemas de segurança energética[35]

33 Dissertação de Péter Janos Varga: Protection of critical wireless infrastructures, 2013, (em linha), url: http://uni- nke.hu/downloads/konyvtar/digitgy/phd/2013/varga peter janos.pdf (descarregado: 2015. 02. 09.)
34 Diretivas UE 2020 (em linha), url: http://ec.europa.eu/energy/renewables/targets en.htm
35 Balâzs Zele: Áreas de inovação da segurança energética em centrais de produção de eletricidade. Revista

Na sua dissertação, Bajor Péter chama a atenção para as falhas no abastecimento e resume o tipo de restrições que podem surgir em caso de escassez de abastecimento. Dá um exemplo da central eléctrica de Mâtra, em 13.01.2013, relativamente a técnicas de segurança, processos de segurança e segurança dos transportes. Este exemplo diz que o desempenho da central eléctrica foi reduzido em 95% devido a uma falha inesperada. A central tinha uma quota de 13% de todo o bolo de energia eléctrica húngara nessa altura. Neste caso, devido a condições climatéricas extremas, as correias transportadoras ficaram congeladas e não puderam funcionar. Estas correias transportam o combustível entre a mina da central e o forno da central, mas com uma temperatura de -25°C - que é extrema na Hungria - deixaram de funcionar devido ao congelamento. Como consequência, apenas um bloco de desempenho de 100MW pôde funcionar com uma utilização de 50% da gama na altura - não obstante o facto de todos os outros blocos poderem gerar 830MW de energia nominal no total da central eléctrica.[36]

Na minha opinião, nesta fase de planeamento do aprovisionamento é muito difícil prever o futuro, quer se trate de recursos ou de restrições. No entanto, uma das soluções futuras para garantir técnicas de segurança na cadeia de abastecimento das centrais eléctricas pode ser a combinação adequada de segurança e gestão de crises e comunicação de crises.[37]

As necessidades de importação e a quantidade necessária de energia eléctrica para o dia seguinte devem ser registadas pelo operador do sistema com base numa determinada estrutura empírica. Esta estrutura garante que a energia necessária para o dia seguinte é distribuída na quantidade adequada entre as centrais eléctricas e as unidades de produção de energia. Assim, na minha opinião, a segurança do abastecimento é gerível e assegurada a 100%. Na altura da falha na central eléctrica, a MAVIR Zrt. - como operador do sistema e coordenador do grupo de equilíbrio -

BOLYAI SZEMLE: http://uni-nke.hu/uploads/media items/bolyai-szemle-2015-01.original.pdf
36 Dissertação de Bajor Péter, 2013, (em linha),
url:http://mmtdi.sze.hu/images/Dokumentumok/BajorP_Disszertacio_2013.pdf (descarregado: 2015. 02. 06.)
37 Balâzs Zele: O sistema de combustível da central eléctrica a carvão na ciência da logística, 2015, 6.
Conferência BBK (em linha), url: http://www.bbk.alfanet.eu/index.php?module=staticpage&id=227&lang=1

ordenou a limitação do consumo de eletricidade.[38]

Com base no exemplo e nos aspectos da dissertação de Péter Bajor, a logística, as técnicas de segurança e a produção segura de energia e a rede de distribuição criam uma unidade rigorosa e e forte como um todo. Criando esta unidade, podemos dizer que existe uma nova dimensão logística do sistema de segurança energética na produção de energia.

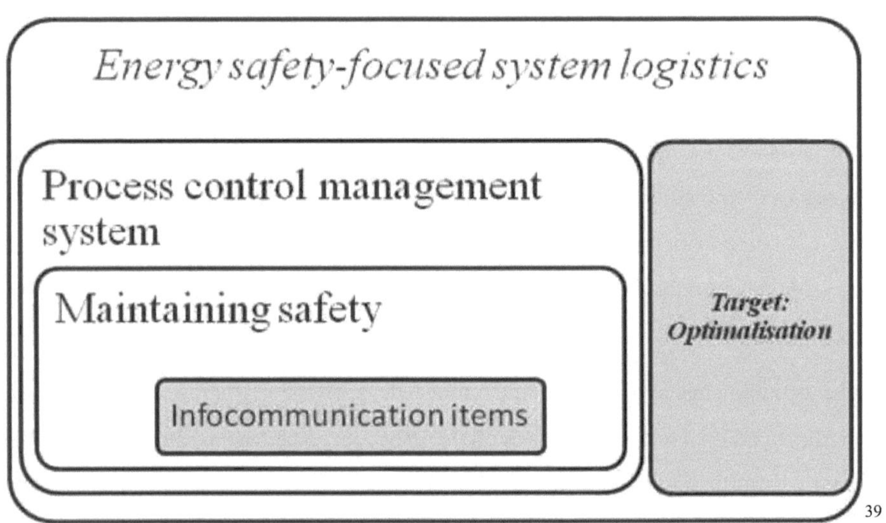

8. figura - Estrutura logística do sistema centrado na segurança energética; (edição própria)[40]

A logística do sistema com foco na segurança energética é um sistema em torno da gestão orientada por processos, que tem como objetivo organizar e conduzir o sistema logístico a partir de seus fundamentos. Para além disso, tem também um papel importante para além dos elementos do sistema de infocomunicação, pelo que podemos criar uma nova unidade que abrange toda a estrutura com o objetivo de alcançar a segurança na produção de energia.[41]

---

38 Dissertação de Bajor Péter, 2013, (em linha), url:http://mmtdi.sze.hu/images/Dokumentumok/BajorP Disszertacio 2013.pdf(descarregado: 2015. 02. 06.)
39 Nota: Os aspectos mais importantes na central eléctrica são os seguintes: armazenamento de carbono na área da central, garantia de uma rede de abastecimento de combustível segura, satisfação da procura atual de eletricidade, fornecimento da energia produzida aos consumidores e fornecimento seguro.
40 Edição própria
41 Dr. Sàndor Estók: Logística interdisciplinar integrada e orientada para a rede (em linha), url:

Podemos dividir os sistemas centralizados e descentralizados em formas e métodos de armazenamento de energia elétrica - de acordo com a literatura. O sistema centralizado consiste na grande quantidade de rede e vias de trânsito; já no caso do sistema descentralizado, a conexão das unidades utilizadas para armazenamento mantém o equilíbrio local. (microgrid, smart grid e outros elementos de redes inteligentes).

De acordo com o nosso conhecimento atual, a questão do armazenamento de eletricidade não está 100% resolvida, embora existam alguns projectos de investigação e desenvolvimento neste tópico devido ao desenvolvimento contínuo e à contribuição de peritos activos neste domínio. No entanto, até que estas questões sejam tratadas de uma forma absolutamente segura, valeria a pena gastar tempo e energia nos diferentes aspectos do desenvolvimento de sistemas de abastecimento de combustível.

O Dr. Sàndor Estók também sugere o lançamento de novas tecnologias e aspectos de desenvolvimento o mais rapidamente possível num futuro próximo. "*Mais cadeias de abastecimento pertencem ao sistema logístico que tem como objetivo o fluxo de materiais em todo o sistema de produção e distribuição. O seu papel é abranger a aquisição, o armazenamento, o transporte, o fornecimento de manutenção, o transporte para os consumidores e a realização de mudanças*". Olhando para a cooperação, ele afirma que em qualquer domínio da utilização de energias renováveis não existe por si só, mas para apoiar e servir os diferentes parceiros.[42]

Do meu ponto de vista, é possível criar uma nova estrutura de segurança do aprovisionamento através da utilização de recursos energéticos renováveis no mesmo sistema - o que poderia trazer estabilidade e força ao sistema nacional de redes eléctricas.

http://portal.zmne.hu/download/bjkmk/bsz/bszemle2009/3/02 estok.pdf (descarregado: 2014. 11. 12.)
42 Dissertação do Dr. Sandor Estók (em linha), url: http://uni-nke.hu/downloads/konyvtar/digitgy/phd/2011/estok sandor.pdf (página 125.) (descarregado: 2014. 11. 12.)

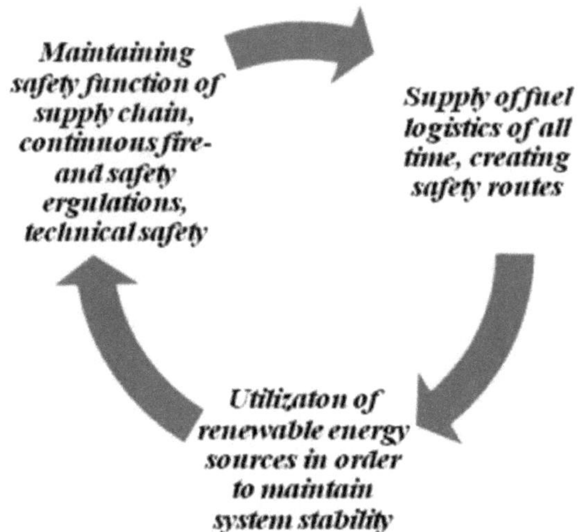

9. figura - Estrutura de segurança de abastecimento em central de produção de energia (edição própria)[43]

Olhando para os princípios básicos da segurança dos abastecimentos de um ponto de vista energético, existem mais frases e versões. Apesar disso, tento analisar os processos de segurança do aprovisionamento e o seu lugar na hierarquia logística com base nas exigências do mundo atual, moderno e centrado no conhecimento.

Se analisarmos os fundamentos da segurança do aprovisionamento, podemos dividi-la em aspectos internos e externos. Quando falamos de segurança do aprovisionamento externo, consideramos a distribuição de energia a nível internacional e as relações externas relevantes para a energia. Por outro lado, quando falamos de segurança do aprovisionamento interno, consideramos os processos tecnológicos nacionais: este é o momento de construir o quadro de ação para os intervenientes no mercado da energia e também de manter a infraestrutura energética para o futuro.

4.3. Segurança - Infra-estruturas de eletricidade[44]

Parafraseando a segurança do aprovisionamento, recomenda-se que sejam considerados mais aspectos e disciplinas científicas, incluindo as dimensões política,

---

43 Edição própria
44 Balâzs Zele: Áreas de inovação da segurança energética em centrais de produção de eletricidade. Revista BOLYAI SZEMLE: http://uni-nke.hu/uploads/media items/bolyai-szemle-2015-01.original.pdf

ambiental, militar, económica e social.[45]

A distribuição e o transporte de energia também fazem parte do conceito de sistema de segurança de abastecimento. No entanto, ligando-o ao conceito de logística ou mesmo misturando-os estreitamente, podemos criar uma nova unidade operacional invulnerável e segura - assim podemos também parafrasear o conceito de segurança que mencionei nas páginas anteriores.

10. figura - Conceito de segurança (edição própria)[46]

Olhando para a estrutura do ponto de vista do transporte de energia eléctrica, a produção e o transporte seguros e mantidos de energia só funcionam quando todos os subprocessos são fornecidos no lado da produção do círculo. No entanto, não temos apenas de considerar este processo, mas vê-lo como um todo, desde a aquisição até à distribuição completa. Estes têm de estar presentes em cada elemento do processo, quer se trate da mina, dos blocos das centrais eléctricas ou das casas dos consumidores. Depois da exploração da matéria-prima (combustível), do armazenamento e da geração de energia[47] - tal como já o defini numa das minhas publicações - a figura da ligação da rede modificada é completada com um novo elemento, que tem o direito de representar o lado do transporte da infraestrutura energética do sistema de cabos da rede de energia eléctrica.

Pode ver o sistema de ligação à rede na figura seguinte.

45 Edina Dobos: Questões teóricas da segurança do aprovisionamento (em linha), url:
http://www.nemzetesbiztonsag.hu/cikkek/dobos_edina-az_energiaellatas_biztonsaganak_elmeleti_kerdesei.pdf
(descarregado: 2014. 11. 01.)
46 Edição própria
47 Balâzs Zele: O sistema de combustível da central eléctrica a carvão na ciência da logística, 2015, 6. Conferência BBK (em linha), url: http://www.bbk.alfanet.eu/index.php?module=staticpage&id=227&lang=1

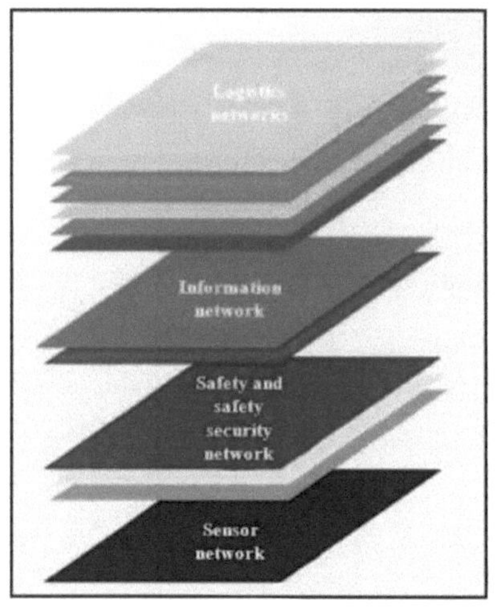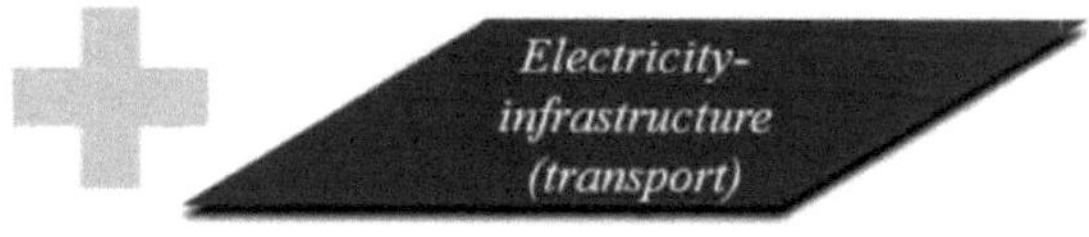

11. Figura - Figura de ligação à rede modificada do lado do transporte da infraestrutura de energia do sistema de cabos da rede de energia eléctrica (edição própria)[48]

Poderíamos ter lido sobre o assunto em algumas publicações do Dr. Sàndor Estók e N. A. Utyenkov[49] *"[...] as centrais eléctricas que utilizam combustíveis como o carvão, o petróleo e o gás natural não se enquadram na categoria de sistema de infra-estruturas - são instalações normais como qualquer outra fábrica ou qualquer outro membro da indústria. No entanto, as redes criadas para transportar a energia que geram e as diferentes unidades que apoiam as suas actividades são as partes da ronda de infra-estruturas].* [50]

Hoje em dia, a expressão exacta de infraestrutura ainda não é 100% clara, uma vez que existem mais conceitos para tal. No entanto, na minha opinião, ligando a expressão "infraestrutura" num ambiente energético ao sistema de rede logística, podemos chegar a uma estrutura coerente no sistema de produção e distribuição de energia eléctrica.

[st]Como resultado deste capítulo, sinto-me na obrigação de apresentar uma frase

---

48 Edição própria - N. A. Utyenkov, dissertação do Dr. Sándor Estók, página 82, figura 19. (redes logísticas + rede de informação + rede de sensores) - Balázs Zele: O sistema de combustível da central eléctrica a carvão na ciência da logística, 2015, 6. Conferência BBK
(em linha), url: http://www.bbk.alfanet.eu/index.php?module=staticpage&id=227&lang=1
49 O papel das infra-estruturas no desenvolvimento local, conceito de estrutura espacial e infra-estruturas (em linha), url: http://www.terport.hu/webfm send/295, (descarregado: 2014. 11. 06.)
50 O papel das infra-estruturas no desenvolvimento local, conceito de estrutura espacial e infra-estruturas (em linha), url: http://www.terport.hu/webfm send/295, (descarregado: 2014. 11. 06.)

moderna de infraestrutura que cumpra os requisitos do século XXI: trata-se de uma estrutura baseada na gestão que abrange todo o processo de produção de energia e cria um novo sistema logístico baseado na segurança do abastecimento. Considero que, no âmbito desta estrutura, a abordagem logística e a forma de pensar constituem uma estrutura inovadora, reforçando o sistema logístico da "Geração 5", que examinei em linhas gerais na figura 12.

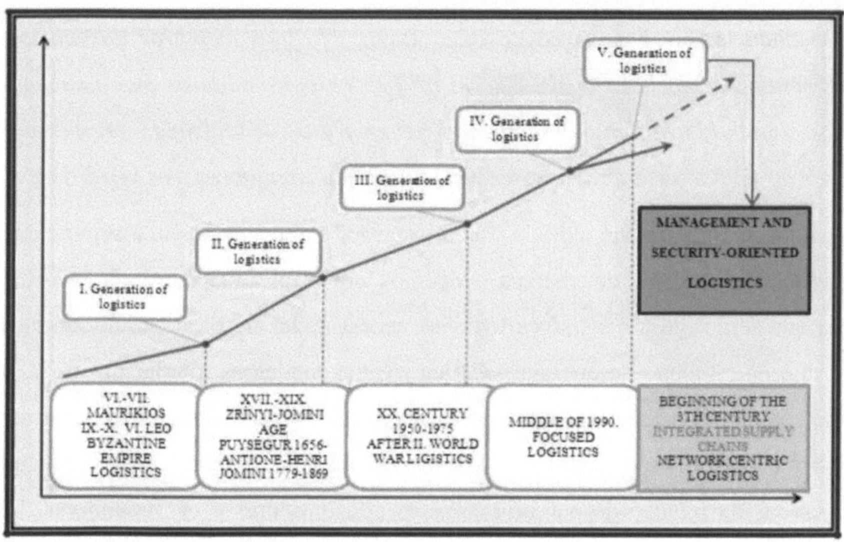

12. figura - Desenvolvimento da logística no século XXI (edição própria)[51]

Com base na figura 12, estou a trabalhar na tarefa de elevar a central eléctrica ao nível do sistema logístico de "Geração 5", pelo que tenho o objetivo de elevar todos os elementos do sistema logístico de trabalho e do sistema informático também a este nível. Isto é importante, porque agora a central eléctrica está apenas na fase 2, mas não podemos considerar ou analisar a gestão da nova era e a logística centrada na segurança a este nível. Isto abrange um próximo passo do sistema logístico da "Geração 5", que é o desenvolvimento da logística da nova era como uma logística centrada na gestão e na segurança. O sistema logístico centrado na gestão inclui também a estrutura de

---

51 Edição própria baseada na dissertação do Dr. Sàndor Estók (em linha), url:http://uni-nke.hu/downloads/konvvtar/digitgy/phd/2011/estok sandor.pdf (descarregado: 2014. 11. 17.)

gestão do risco, que funciona como parte do sistema em paralelo com este. No âmbito do sistema logístico centrado na segurança, a linha de segurança energética e de aprovisionamento representa-se a si própria, como já referi anteriormente. Pode ver-se como os diferentes elementos podem criar o nível seguinte da logística de "Geração 5".

4.4. Resultados dos testes do modelo logístico do fornecimento de eletricidade[52]

Como se pode ler na dissertação de Péter Bajor: *"[...] os membros da cadeia de abastecimento têm de levar mais a sério não só os consumidores mas também os vendedores quando avaliam o desempenho das empresas de logística, concentrando-se na ligação de parceria que representam entre os consumidores e os vendedores."*[53]

Acrescentei a minha própria teoria a esta afirmação, colocando assim a segurança do abastecimento no centro do sistema. Podemos construir uma estrutura dentro da logística que seja segura e satisfaça todas as necessidades no processo de produção, transporte e distribuição de energia eléctrica. Assim, podemos montar uma tese que podemos chamar de sistema logístico complexo focado no abastecimento. Este sistema - para além dos aspectos de segurança e das unidades de infocomunicação - tem como missão cuidar da ligação de parceria entre os consumidores e os vendedores. Este sistema de todos os elementos específicos do sistema elétrico pode ser uma estrutura de sistema complexa no futuro. O sistema de ligação é modelado na figura 13.

52 Balâzs Zele: Áreas de inovação da segurança energética em centrais de produção de eletricidade. Revista BOLYAI SZEMLE: http://uni-nke.hu/uploads/media items/bolyai-szemle-2015-01.original.pdf
53 Dissertação de Péter Bajor: Proteção de redes sem fios de infra-estruturas críticas 2013., (em linha), url: http://mmtdi.sze.hu/images/Dokumentumok/BajorP Disszertacio 2013.pdf, (descarregado: 2014. 11. 06.)

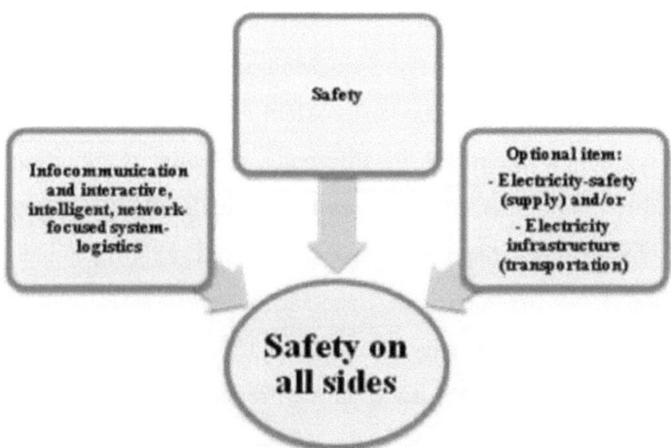

13. figura - Segurança em todas as vertentes nas centrais eléctricas (edição própria)

4.5. Segurança do sector logístico nos sistemas de abastecimento de combustível nas centrais eléctricas

No capítulo seguinte, ao examinar as unidades geradoras de eletricidade, faço um resumo do sistema logístico de abastecimento de combustível desta central atual e também do sistema de segurança que envolve a central como estrutura de proteção. Examino os aspectos do sistema, o impacto que têm uns sobre os outros e resumo os possíveis pontos de desenvolvimento futuro.

O meu principal objetivo neste capítulo é examinar as diferentes funções de segurança, desde o fornecimento de combustível (extração) até à utilização (produção de eletricidade) no ciclo de vida de uma central eléctrica, entre os diferentes elementos do sistema com grande impacto uns nos outros. As oportunidades de estabilidade do sistema são analisadas isoladamente, separadas do planeamento, investimento, construção, gestão das instalações e também da fase de desmantelamento - e também mostro como cada uma das fases do processo está ligada entre si e tem um impacto mútuo.

4.6. Sistemas de segurança dos bens logísticos[54]

---

54 Balâzs Zele: Proteção do apoio logístico à central eléctrica de Mâtra para garantir o abastecimento de

Li sobre segurança de propriedades complexas num discurso de Sàndor Utassy que agora está realmente de acordo com a atualidade do foco principal deste trabalho, o que me deu a base para escrever esta fase nesta dissertação. Além disso, também analisou sistemas de técnicas de segurança integradas de diferentes objectos. Além disso, também fez um grande esforço para dizer que o processo de trabalho de cada objeto, edifício e os diferentes equipamentos e dispositivos que os rodeiam são influenciados por vários aspectos de risco. Estes parâmetros de risco são os aspectos técnicos, as descargas resultantes de danos intencionais, o erro humano e os parâmetros ambientais (temperatura, humidade, etc.). Para estar preparado para enfrentá-los, existem várias ferramentas diferentes de tratamento de riscos e de gestão decrescente, que, em conjunto, criam um novo e complexo sistema de segurança patrimonial. Os elementos deste sistema são construídos uns sobre os outros, criando um modelo em forma de pirâmide. Este modelo é composto por acções de prevenção, seguros, apoio à segurança humana, dispositivos de segurança eléctrica e elementos de segurança mecânica.[55]

As acções de prevenção são factores extremamente importantes num sistema de abastecimento de combustível na área de uma central eléctrica, uma vez que é altamente prioritário manter os erros económicos, técnicos e humanos e os riscos a um nível tão baixo quanto possível. De acordo com Sàndor Utassy, o principal objetivo da segurança técnica e mecânica é *"[...] retardar a penetração até que o apoio humano de segurança esteja presente no local alarmado pelos dispositivos de segurança eléctrica instalados"*.[56] Os sistemas de alarme de incêndio fazem parte da categoria dos dispositivos eléctricos de segurança. À semelhança dos aspectos de segurança mecânica, os dispositivos de segurança eléctrica têm as suas próprias áreas funcionais e, além disso, a produtividade das áreas de ensino pode ser aumentada significativamente através do fornecimento e utilização do efeito de sinergia. Temos de nos certificar de que não só os sistemas de segurança estão a funcionar corretamente,

combustível Ano X. Número 2 - junho de 2015 (em linha), url: http://www.hadmernok.hu/152 06 zeleb.pdf
55 Dr. Sandor Utassy: Safety issues of complex electrical systems; (online), url: http://uni-nke.hu/downloads/konyvtar/digitgy/phd/2009/utassy sandor.pdf (descarregado: (2014. 11. 20.)
56 Dr. Sandor Utassy: Questões de segurança de sistemas eléctricos complexos; (online), url: http://uni-nke.hu/downloads/konyvtar/digitgy/phd/2009/utassy sandor.pdf (descarregado: (2014. 11. 20.)

mas também que o número de riscos possíveis é o mais baixo possível.[57]

Na minha opinião, temos de escolher a quantidade adequada de acções de prevenção, seguros, apoio de segurança humana, dispositivos de segurança eléctrica e elementos de segurança mecânica com base nas especificidades do ambiente e do sistema de abastecimento de combustível da central eléctrica. No entanto, podemos destacar alguns factores importantes como os seguintes.

Acções de prevenção

- Conhecimentos regulares e actualizados em matéria de proteção contra incêndios e de proteção com base nos regulamentos sobre incêndios e na sua aplicação;

- Conhecimento dos extintores de incêndio incorporados e das possibilidades de avaria, inspeção periódica dentro do prazo estabelecido, por vezes com maior frequência;

- Estabelecer a ligação entre os conhecimentos teóricos e práticos de todos os tempos, actualizando o sistema de exame comum e a base de conhecimentos regulares.

Segurança eletrónica e mecânica

- Múltiplos níveis de sistemas de proteção contra incêndios com estruturas de informação complexas e recíprocas (assegurar a presença de uma pessoa de segurança, como um guarda, ligar dispositivos mecânicos e electrónicos de proteção contra incêndios).

No caso da proteção mecânica, a resistência mecânica da roda livre na vedação ou nas entradas pode ser entendida, enquanto no caso da proteção eletrónica, os sistemas com pontos de acesso controlados ou portões telecomandados são realmente importantes; [58]

- Monitorização: monitorização à distância, por exemplo, sistemas de câmaras instalados em secções específicas do percurso de transporte e armazenagem de

---

57 Dr. SandorUtassy : Safetyissuesofcomplexelectricalsystems ; (online), url: http://uni-nke.hu/downloads/konyvtar/digitgy/phd/2009/utassy sandor.pdf (descarregado: (2014. 11. 20.)
58 Tamâs Berek -Tamâs Horvâth: Sistemas de proteção física num ambiente em mudança dinâmica IX. ano, número 2- junho de 2014, revista Hadmérnok; (em linha), url: http://www.hadmernok.hu/ 142 02 berekt.pdf (descarregado: 2014. 11. 28.)

carbono, em função do grau de classificação do risco, quer com observadores de proteção térmica quer com detectores de fumo.

Riscos

-      Podem também ocorrer riscos, tal como descrito por Sandor Utassy, com base nos seguintes factores: parâmetros tecnológicos, danos deliberados, factores humanos e parâmetros ambientais. Além disso, pode distinguir-se um conjunto único de riscos logísticos, como os riscos relacionados com os fornecedores ou os riscos identificados pelo armazenamento de combustível e pelos seguros.

No diagrama ilustrativo que se segue, resumi o acima descrito com uma visão abrangente dos elementos essenciais do processo na figura 14.

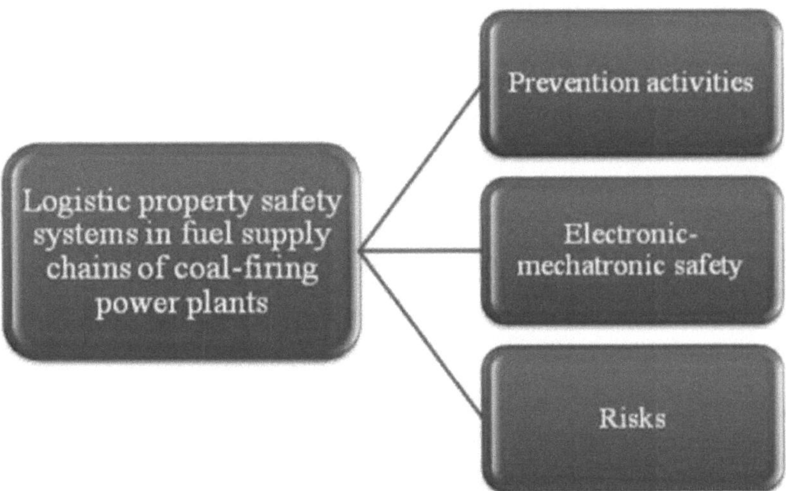

14. figura - Sistemas de segurança dos bens logísticos nas cadeias de abastecimento de combustível das centrais eléctricas a carvão (edição própria)

Nos meus sistemas logísticos de proteção de propriedade - que interpretei nos sistemas de fornecimento de energia a partir do carvão, incluindo os sistemas de transporte de combustível - pode afirmar-se que os sistemas de operação têm grande impacto na área logística e de segurança das centrais eléctricas a carvão do mundo e nas ligações tecnológicas de cada unidade renovável e suplementada com combustível. Além disso, os vários e principais conceitos reavaliam a organização de defesa anterior ou ainda

44

não formada no sector da energia a carvão, permitindo assim calcular a logística unificada de segurança patrimonial num ambiente de central a carvão.

Ao conceber um sistema de proteção de uma central eléctrica, ao armazenar materiais perigosos para a segurança ou ao criar sistemas de proteção e segurança, temos de ter em conta a ocorrência de eventos como o "apagão", bem como as suas consequências. Já na fase de planeamento, deve ser dada especial atenção à localização do local onde a instalação é construída, mas também à segurança do pavimento e/ou das linhas ferroviárias em direção à central eléctrica. A função do edifício dura até à estação de distribuição mais próxima, sendo o resto da operação segura assegurada pelo operador do sistema (MAVIR).[59]

Com base no relatório científico de Sàndor Kiss e Attila Vass, o tema é bastante complexo, e a minha opinião é que a logística e o seu sistema de proteção da propriedade são da maior importância para o abastecimento seguro de combustível.

No que diz respeito aos processos logísticos, o processo de transporte do combustível de lenhite é composto por vários pontos, desde a mina até à central eléctrica, desde que a produção e distribuição de eletricidade seja feita aos consumidores. Analisando esta unidade de produção, diferentes condições de funcionamento e impactes ambientais podem ser abrangidos pelo âmbito da operação, como o investimento, o funcionamento normal ou o prolongamento da vida útil, que pode ocorrer devido à alteração dos impactes ambientais durante a renovação ou desativação, bem como na fase de encerramento. Durante a operação planeada de uma central eléctrica, é importante garantir o combustível em todos os momentos, tendo em consideração os aspectos de proteção contra incêndios e as alternativas de segurança e de activos. Não devemos ignorar o fator humano que pode pôr em risco a estabilidade do sistema. Além disso, como Tamas Berek e Tamas Horvath já escreveram: no decurso dos investimentos em construção, durante as renovações, podemos falar de impactos ambientais variáveis - para os quais também temos de estar preparados no ambiente de uma central eléctrica.

---

59 Sandor Kiss - Attila Vass: Proteção Civil de Sistemas de Energia IX. ano 2 - junho de 2014, revista Hadmérnok; (online), url: http://hadmernok.hu/142 04 kisss.pdf(descarregado: 2016. 05. 10.)

Assim, a influência do fator humano também pode ser afetada aqui, uma vez que os trabalhadores externos entram no ambiente da central eléctrica. Associando estes elementos, penso que é possível criar um novo sistema de proteção e chamar a atenção para a possibilidade de uma disponibilidade máxima de combustível na central eléctrica.

O fluxograma e a estrutura dos factores que influenciam o sistema de proteção na área da central eléctrica são apresentados na figura 15.

15. figura - Factores que influenciam o sistema de segurança patrimonial nas centrais eléctricas (edição própria)

Quer estejamos a investigar incidentes de danos num sistema de abastecimento de combustível, quer estejamos a analisar uma solução de armazenamento (de carbono) ou uma fonte de alimentação segura, temos de falar sobre o impacto que estes elementos têm uns nos outros em termos de sistemas e territórios, e temos de os compreender em conjunto. No que diz respeito ao princípio de redução da complexidade de Sàndor Utassy, aquando da conceção do método de conceção de "novo tipo", no futuro, a descrição acima deve ser considerada de forma especial e prudente. Estou a pensar em assegurar a todo o momento o processo de transporte do combustível, bem como a satisfação da procura dos consumidores e a interdependência dos componentes envolvidos no processo. Isto é especialmente verdade quando se analisam os processos de transporte do fluxo de combustível e as consequências do impacto humano, bem como as fases de investimento, renovação, desmantelamento ou o efeito das áreas geográficas. No caso do investimento, o desenvolvimento e a exploração do local da mina ligado à central eléctrica, bem como os métodos de recultivo no final do processo, requerem uma atenção especial, devendo ser assegurada a fluidez dos fluxos de trabalho e de combustível.

Poderá haver outra questão que é a de saber até que ponto o fator humano está relacionado com a coordenação e o funcionamento do equipamento de segurança de deteção de incêndios que coopera. A presença humana, enquanto elemento do sistema de trabalho no seu conjunto, na medida em que gere o controlo e a regulação da tecnologia em causa, pode ser a causa principal de um risco ou, mais grave ainda, de um acidente ou de uma avaria do sistema. Esta constatação é apresentada em termos científicos da seguinte forma: o desempenho humano pode ter um impacto fundamental no nível de fiabilidade e segurança de sistemas técnicos complexos. Nas análises de fiabilidade e de risco, o tratamento adequado das interações humanas é o principal fator para compreender a importância relativa das séries de acidentes e o seu risco total. O objetivo da avaliação da fiabilidade humana (HRA) é identificar sistematicamente as principais interações humanas e depois incorporá-las nas análises e investigações de segurança. Para além de quantificar a probabilidade destes sucessos e fracassos, é necessário fornecer uma perspetiva que possa melhorar o desempenho humano.

É importante realçar os elementos mais importantes no desenvolvimento do desempenho. Pode tratar-se do alinhamento do homem e da máquina, do desenvolvimento de processos e da estrutura de ensino, de uma melhor coordenação dos requisitos de trabalho e das capacidades humanas, da exploração generalizada de estudos de reabilitação bem sucedidos, da redução dos efeitos de erros humanos correlacionados e da análise dos seus aspectos de melhoria.[60] A possibilidade de perturbação humana deliberada não foi analisada neste processo. No entanto, sugiro que, mais tarde, tais exames também possam ser efectuados.

---

60 Zele Balâzs: Distribution of Fire Cases and the Role of Human Factors in Coal-Firing Power Plants in FuelSupply Fields and Distribution Systems, jornal online da AARMS, 2015. (em linha), url: http://connection.ebscohostcom/c/articles/109002452/distribution-fire-cases-role-human-factors-coal-firing-power-plants-fuel-supply-fields-distribution-systems

Atualmente, está a tornar-se cada vez mais comum no fluxo de trabalho de empresas e fábricas individuais complementar os seus processos com subcontratantes para fornecer o grau e a qualidade de mão de obra adequados. Hoje em dia, o fator humano pode ter um grande impacto e influência, uma vez que as diferenças culturais ou as diferentes abordagens das várias empresas têm de ser harmonizadas com base na realização de interesses comuns.

Com base nisto, examinei mais de perto a questão da análise das partes interessadas, uma vez que o papel de influência pode ser planeado e reduzido com conhecimentos avançados. Com base na descrição da Dra. Éva Fenyvesi, o objetivo da análise das partes interessadas é estabelecer um sistema de relações em que se mostra a relação entre as várias partes interessadas e as questões mais afectadas por elas. O grupo de partes interessadas e participantes pode ser diferente, mas podemos separar os grupos de partes interessadas internas e externas. Pode ser utilizada no funcionamento da organização nas fases de planeamento, execução e posterior análise e modificação.[61]

Com base na teoria das partes interessadas e no trabalho científico de Barabàsi de Albert-Làszló, pode afirmar-se que a aleatoriedade das redes parece estar hoje inclinada. Os centros não surgem ou estão presentes nas nossas vidas ao acaso, mas envolvem um outro desafio. Isto também significa que teremos de pensar nas redes a partir de diferentes abordagens.[62]

Penso que deve ser elaborado um sistema que sintetize as interações entre eventos e processos em torno do sistema de abastecimento de combustível e logística da central.

---

61 Dra. Éva Fenyvesi: Análise das partes interessadas: (em linha), url:
http://www.google.at/url?sa=t&rct=j
&q=&esrc=s&frm=1&source=web&cd=1&ved=0CCIQFjAA&url=http%3
A%2F%2Fwww.avf.hu%2Ftanarok%2Ffenyvesi-eva%2F%3Fdownload%3Dstakeholder analizis.pdf&ei=qj-
AVPXNHYbaav2OgaAM&usg=AFQjCNFV211   OxW8vbwO55G5YE3u54absg&sig2=ItAh
m4bZqPT86QiTy
N8nQ (descarregado: 2014. 11. 22.)
Nota: Stakeholder = círculo de pessoas ou grupos com os quais a organização tem um sistema de relacionamento essencial, duradouro e inter-relacionado, cuja participação e apoio são fundamentais para o funcionamento e a eficácia da organização.
sucesso.
62 Albert-Làszló Barabàsi: Behàlózva (online), url: http://www3.niu.edu/newsplace/crisis.html#1
(descarregado: 2016. 05. 13.)

A estrutura do sistema que imaginei é mostrada na figura 16 abaixo. Na figura, portanto, a teoria dos intervenientes deu apenas o ponto de partida - a partir deste ponto criei uma nova estrutura onde estão resumidos os factores que influenciam o sistema de transporte de combustível da central eléctrica.

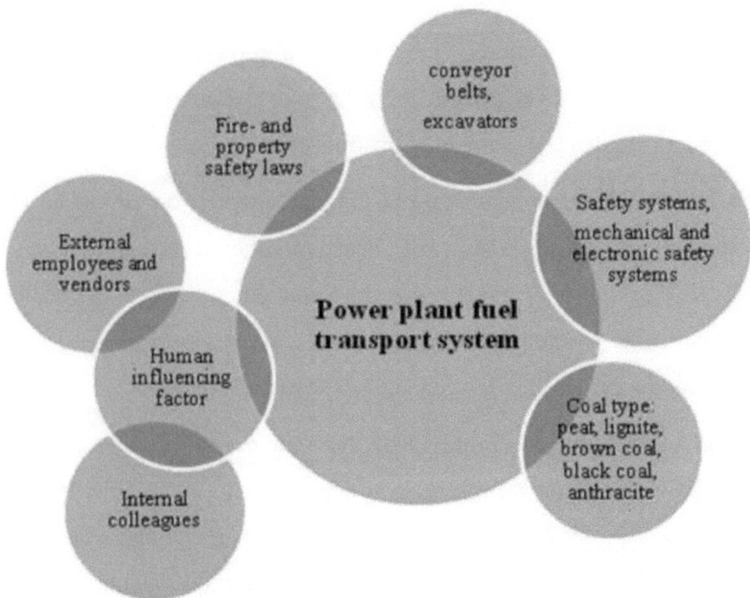

16. Figura - Sistema de transporte de combustível de uma central eléctrica do ponto de vista ambiental externo (edição própria)

4.7. Conclusões parciais

Associei os elementos de impacto - como o efeito da produção de eletricidade e o sistema logístico inteligente - em torno da cadeia de abastecimento logístico da Central Eléctrica de Mâtra e também analisei o impacto que têm uns sobre os outros. Ao analisar a estrutura da rede com fios do sistema de eletricidade, formulei, com base numa nova abordagem, a perturbação da estabilidade do sistema causada pela escassez do lado da fonte. Além disso, examinei o impacto da infraestrutura de eletricidade em cada elemento constituinte. Com base nestes elementos, formulei as alternativas de utilização crescente de energias renováveis e a utilização de procedimentos de ponta para a segurança do sistema de abastecimento, criando assim uma nova estrutura de segurança para a estabilidade do sistema. No que diz respeito à construção, é importante que a logística do combustível seja assegurada com as vias de proteção adequadas e que a segurança contra incêndios, bem como a segurança técnica, sejam asseguradas, formando uma unidade inseparável.

Tenho estado a analisar o fracasso de todo o sistema, as diferentes ameaças do sistema de abastecimento, e também fiz sugestões para reduzir a dependência. Explorei o impacto que a lenhite e a biomassa podem ter uma sobre a outra, bem como o funcionamento independente de cada elemento constituinte.

Ao analisar a cadeia de abastecimento, centrei-me na logística da produção de eletricidade, explorando as possibilidades de desenvolvimento ao associá-la à segurança energética. Além disso, apresentei a importância dos diferentes elementos da cadeia de abastecimento e também a importância da segurança no processo (armazenamento de lenhite, proteção contra incêndios, segurança técnica).

Uma tarefa adicional a resolver é a complexidade dos sistemas, a interconexão dos factores de fiabilidade e dos elementos futuros, a determinação das condições dos custos de investimento e as possibilidades de retorno. É por isso que também formulei e construí uma nova definição científica de segurança da logística do sistema centrada no abastecimento, em que, em vez do papel central da infocomunicação, a segurança do abastecimento está em foco.

Ao falar de logística de sistemas centrada na segurança do abastecimento (apoio logístico interativo e inteligente) em sistemas de produção de eletricidade, o meu objetivo era completar a relação entre consumidores e fornecedores, colocando a segurança do sistema num papel central. Esta área da logística pode, para além de satisfazer as necessidades, criar um sistema seguro e adequado para toda a eletricidade e linhas de transmissão de energia.

Por último, mas não menos importante, criei o sistema complexo de logística centrado no abastecimento, o sistema complexo de logística de segurança do abastecimento e deduzi as conclusões adequadas. Na minha opinião, para elevar o sistema logístico da central eléctrica ao quinto nível ou talvez para além dele, o futuro do sistema interativo pode ser a criação e a aplicação a longo prazo de um sistema inteligente. Eis um modelo de gestão moderna e de logística centrada na segurança que desenvolvi e que forma uma estrutura de segurança de abastecimento e de gestão de todo o processo. No âmbito do sistema logístico centrado na gestão, a estrutura de gestão do risco funciona como uma componente do sistema em paralelo. A estrutura de gestão do risco está a funcionar no sistema logístico centrado na gestão, como um elemento do sistema, mas também em paralelo. No sistema logístico centrado na segurança, a energia e a segurança do abastecimento também estão representadas. Assim, pode-se ver como a articulação de cada elemento pode gerar o nível seguinte da logística de Geração 5.

Ao examinar as unidades de produção de eletricidade, resumi o sistema logístico do sistema de abastecimento de combustível de uma central eléctrica e os sistemas de proteção circundantes e resumi a sua estrutura de proteção. Examinei as caraterísticas dos sistemas, o efeito que podem ter uns sobre os outros e resumi as minhas potenciais perspectivas futuras.

Em primeiro lugar, salientei quais as medidas preventivas que a central deve ter e quais os equipamentos mecânicos e electrónicos que deve utilizar para uma maior segurança. Acrescentei também à lista a formação dos recursos humanos, tanto em matéria de legislação actualizada como no conhecimento dos actuais sistemas de segurança e de incêndio, bem como na construção da estrutura de informação e dos sistemas de monitorização necessários. Estes aspectos estão resumidos nos pontos seguintes:

- Conhecimentos regulares e actualizados sobre prevenção de incêndios com base na legislação e na aplicação da proteção contra incêndios;

- Conhecimento do funcionamento dos equipamentos de combate a incêndios incorporados, conhecimento dos planos de ação de avarias e de todos, inspeção periódica mesmo dentro dos prazos previstos;

- Ligação permanente entre conhecimentos teóricos e práticos, sistema de exames conjuntos e atualização periódica da base de conhecimentos.

Segurança eletrónica e mecânica

- Múltiplos níveis de sistemas de proteção contra incêndios com estruturas de informação complexas e recíprocas (assegurar a presença de uma pessoa de segurança, como um guarda, ligar entre si dispositivos mecânicos e electrónicos de proteção contra incêndios).

No caso da proteção mecânica, a resistência mecânica da roda livre na vedação ou nas entradas pode ser entendida, enquanto no caso da proteção eletrónica, os sistemas com pontos de acesso controlados ou portões telecomandados são realmente importantes; [63]

- Monitorização: monitorização à distância, por exemplo, sistemas de câmaras instalados em secções específicas do percurso de transporte e armazenagem de carbono, em função do grau de classificação do risco, quer com observadores de proteção térmica quer com detectores de fumo.

Riscos

- Podem também ocorrer riscos, tal como descrito por Sandor Utassy, com base nos seguintes factores: parâmetros tecnológicos, danos deliberados, factores humanos e parâmetros ambientais. Além disso, pode distinguir-se um conjunto único de riscos logísticos, como os riscos relacionados com os fornecedores ou os riscos identificados pelo armazenamento de combustível e pelos seguros.

Assim, nos meus sistemas logísticos de proteção da propriedade, posso dizer que a área de operação dos sistemas abrange não só a área logística e de segurança das centrais a carvão do mundo, mas também as ligações tecnológicas das unidades complementadas com combustíveis renováveis e alternativos. Além disso, os vários e prioritários conceitos reavaliam a organização de defesa anterior ou ainda não formulada, permitindo assim calcular a logística unitária de defesa num ambiente a carvão.

Criei um sistema de proteção para poder moldar e chamar a atenção para a disponibilidade máxima de combustível e para o abastecimento de combustível ao nível da central eléctrica. Este sistema consiste em medidas preventivas, proteção

---

63 Tamâs Berek -Tamâs Horvâth: Sistemas de proteção física num ambiente em mudança dinâmica IX. ano, número 2- junho de 2014, revista Hadmérnok; (em linha), url: http://www.hadmernok.hu/ 142 02 berekt.pdf (descarregado: 2014. 11. 28.)

mecânica e eletrónica e riscos de abastecimento de combustível. Também delineei as subdivisões dos factores que influenciam o sistema de defesa, que são enumerados a seguir:

\-   Existe uma estreita relação entre os factores humanos e as áreas protegidas (sistemas de tapetes de carvão mineiro).

\-   Existe uma relação estreita entre a questão do funcionamento e o sistema de proteção dos bens logísticos, uma vez que os trabalhadores externos podem entrar na área de uma central eléctrica, o que não deve ter impacto no funcionamento seguro.

\-   Ao conceber o modo de conceção do "novo tipo", é necessário, no futuro, abordar de forma prudente os processos de transporte do abastecimento de combustível e as consequências do impacto humano.

Na minha opinião, com base na teoria das partes interessadas conhecida da economia, vale a pena representar um sistema que resume os efeitos dos eventos e processos em torno do sistema de abastecimento de combustível e logística da central eléctrica. Para a representação do sistema, portanto, a teoria das partes interessadas foi apenas o ponto de partida, e continuei a trabalhar na síntese dos diferentes aspectos que influenciam o sistema de transporte de combustível da central eléctrica.

5. Conclusões

Como a tendência atual é que apenas as centrais envelhecidas estejam em funcionamento, não sendo construídas novas instalações ou mesmo encerradas, eu teria preferido contribuir para a profissão de central eléctrica nacional desenvolvendo a minha dissertação como um santuário para o desenvolvimento das centrais eléctricas. Foi por isso que decidi escrever sobre o historial técnico da central de Mâtra e das centrais a carvão em vários aspectos do desenvolvimento.

[st]Em relação às questões logísticas, criei um novo tipo de sistema logístico inteligente, que confirma a tecnologia do século XXI. Trata-se de um sistema logístico centrado na gestão e na segurança que abrange o próximo nível de desenvolvimento da logística moderna, a chamada logística de "Geração 5". Eis um modelo de gestão moderna e de logística centrada na segurança que desenvolvi e que forma uma estrutura de segurança de abastecimento e de gestão de todo o processo. No âmbito do sistema logístico orientado para a gestão, opera a estrutura de gestão do risco, que funciona paralelamente ao elemento do sistema. No sistema logístico orientado para a segurança, existe a linha de segurança energética e de aprovisionamento, cujo funcionamento foi explicado anteriormente. É possível ver como cada conjunto de elementos pode gerar o nível seguinte da logística de "Geração 5".

Combinando logística e tecnologia de combustão, dediquei um capítulo inteiro ao estudo de novos tipos de processos de cadeia de abastecimento e à aplicabilidade de sistemas em rede e baseados em redes. Elaborei teses importantes no domínio da segurança energética e da segurança logística e patrimonial.

Liguei os efeitos da cadeia de abastecimento logístico da central eléctrica na central de Mâtra, como o efeito da produção de eletricidade e do sistema logístico inteligente entre si. Formulei a rutura da estabilidade sistémica causada pela escassez de abastecimento de combustível com base numa nova abordagem da estrutura da rede com fios do sistema de eletricidade. De acordo com a nova abordagem, entendo que a definição da infraestrutura no ambiente de produção de energia está ligada à ligação em rede da logística, podendo assim formar-se um sistema único com a eletricidade produzida e distribuída.

Examinei também o impacto de cada um dos constituintes na infraestrutura de eletricidade. Exprimi igualmente a necessidade crescente da utilização de energias renováveis e de outros métodos modernos e criei uma estrutura de segurança do aprovisionamento que serve a estabilidade do sistema.

Escrevi também sobre a falha do sistema, as ameaças à oferta e formei a minha opinião sobre a redução da dependência. Explorei a interação de quantidades inadequadas de carbono armazenado e de combustíveis de biomassa e a sua co-orientação, bem como a necessidade de proporcionar a autonomia de cada elemento constituinte.

Quis complementar a relação entre consumidores e fornecedores na negociação de sistemas logísticos baseados na segurança do abastecimento (apoio logístico interativo e inteligente) em sistemas de produção de energia, para além do enfoque da segurança do abastecimento. Desta forma, nos sistemas de produção de energia e de linhas de transmissão de energia, esta vertente da logística pode, para além de satisfazer necessidades, transformar-se num sistema seguro que satisfaça outras necessidades.

No caso dos sistemas de proteção patrimonial analisados e interpretados do meu ponto de vista, pode dizer-se que o funcionamento dos sistemas não é apenas a área logística e de segurança das centrais a carvão no mundo, mas também as ligações tecnológicas de cada unidade suplementada com combustível renovável. Para além disso, a antiga ou ainda não elaborada organização de defesa é reavaliada pelos vários conceitos-chave, tornando previsível a logística unitária de defesa num ambiente de centrais a carvão.

Demonstrei métodos de redução de riscos e os seus métodos de aplicação prática num ambiente de central eléctrica. O meu objetivo era, naturalmente, reforçar o papel da gestão de riscos nos processos de transporte de carvão das centrais eléctricas. Pela primeira vez, criei este modelo neste documento, que mostra como pode ser desenvolvido no futuro nos sistemas de produção de eletricidade a partir do carvão em geral. Este modelo baseia-se na necessidade de identificar os riscos encontrados nos sistemas de combustível das centrais eléctricas, que devem ser resumidos e, em seguida, as actividades de gestão de riscos devem ser realizadas no âmbito de um plano de gestão de riscos. No final do processo, é necessária uma comunicação contínua com a equipa de gestão de riscos. Nesta estrutura, a estrutura centrada no sistema logístico é contínua, onde a gestão do risco está sempre pronta, mas só intervém no sistema se for necessário. O âmbito das actividades de gestão do risco será levado a cabo por uma determinada organização, que pode não ser orientada para o sistema, mas tem uma estrutura permanente e funciona sempre em paralelo como parte do sistema.

Acredito que consegui criar o primeiro trabalho científico que resume os processos de transporte de combustível das centrais eléctricas a carvão, os seus aspectos de segurança, e procura e recomenda novos caminhos nos sistemas logísticos das centrais eléctricas. É também importante salientar que consegui apresentar uma investigação que inclui os benefícios da utilização dos novos métodos propostos com base em medições laboratoriais e que também aborda as desvantagens dos processos actuais.

Em suma, tenho tentado encontrar novos caminhos na tecnologia das centrais eléctricas, elaborar uma literatura nacional e estrangeira relevante para garantir que o trabalho está bem fundamentado. Estou muito satisfeito por poder criar um projeto de investigação que pode beneficiar não só a central eléctrica de Mâtra, mas também todas as centrais eléctricas nacionais onde os potenciais melhoramentos podem tornar-se realidade no futuro.

6. Novos resultados científicos

Formulei e demonstrei o impacto significativo de cada disciplina científica nas ciências técnicas e económicas. O objetivo da minha investigação é investigar os sistemas básicos de abastecimento de combustível das instalações a carvão ou de abastecimento de energia alternativa nas unidades de produção de eletricidade como sistemas logísticos e identificar os eventos e riscos que ocorrem durante o processo.

No final da minha investigação, apresentei as seguintes teses e novos resultados científicos.

1. Expliquei a interpretação da logística de sistemas baseada na gestão em sistemas de abastecimento de centrais eléctricas e em unidades de produção de eletricidade que utilizam fontes de energia de carbono e/ou alternativas. Criei também uma estrutura de segurança para a estabilidade do sistema. Criei um novo sistema de proteção sob a designação de sistema de proteção da propriedade logística, que tem de ser desenvolvido e deve ser dada atenção à disponibilidade máxima de combustível na indústria de centrais eléctricas.

2. Quis complementar a relação entre consumidores e fornecedores na negociação de sistemas logísticos baseados na segurança do abastecimento (apoio logístico interativo e inteligente) em sistemas de produção de energia, para além do enfoque da segurança do abastecimento. Desta forma, nos sistemas de produção de energia eléctrica e de linhas de transmissão de energia, esta vertente da logística pode, para além de satisfazer necessidades, transformar-se num sistema seguro que satisfaça outras necessidades. [st]Em relação às questões logísticas, criei um novo tipo de sistema logístico inteligente, que confirma a tecnologia do século XXI. Trata-se de um sistema logístico centrado na gestão e na segurança que abrange o próximo nível de desenvolvimento da logística moderna, a chamada logística de "Geração 5".

7. Utilização de novos resultados científicos

As minhas investigações e estudos limitaram-se às centrais eléctricas a carvão e, em especial, à central de Mâtra.

Os resultados do meu projeto de investigação podem, no entanto, beneficiar não só a central eléctrica de Mâtra, mas também todas as centrais eléctricas nacionais, onde devem ser introduzidas possíveis melhorias no futuro. Expliquei o conceito de um sistema logístico centrado na gestão de sistemas de combustível para centrais eléctricas. Aqui, evidentemente, existem unidades de produção de eletricidade que utilizam fontes de energia alternativas e de carbono. Com este método, pretendo desenvolver a indústria e implementar sistemas seguros e controláveis.

As bases da metodologia de gestão do risco são utilizáveis ao nível da central eléctrica, pelo que criei este modelo, que mostra como pode ser construído no futuro, em termos gerais, em sistemas de combustível a carvão. Proponho-me ensinar este ponto de vista nas áreas das centrais eléctricas, mas é melhor introduzi-lo o mais cedo possível e aplicá-lo continuamente no futuro.

8.   Referências

1.   Página oficial do Departamento de Engenharia Energética da BME (Universidade de Tecnologia e Economia de Budapeste): (em linha), url:

http : //energia.bme.hu/~kaszas/Energiapolitika/OszJanos/Me g%C3 %BAj ul%C3% B3%20energiaforr%C3 %A 1 sok.pdf

2.   Sítio Web da Associação Mundial do Carvão: (em linha), url:

https://www.worldcoal.org/sites/default/files/Coal%20Facts%202015.pdf

3.   Balâzs Zele (2015.): Distribution of Fire Cases and the Role of Human Factors in Coal-Firing Power Plants in Fuel-Supply Fields and Distribution Systems, AARMS onlinenewspaper   , (online), url:

http://connection.ebscohost.com/c/articles/109002452/distribution-fire-cases-role-human-factors-coal-firing-power-plants-fuel-supply-fields-distribution-systems

4.   Balâzs Zele (2015.): Balâzs Zele: O sistema de combustível da central eléctrica a carvão na ciência da logística, 2015, 6. Conferência BBK (em linha), url:

http://www.bbk.alfanet.eu/index.php?module=staticpage&id=227&lang=1

5.   Sàndor Estók (2009.): Interdisciplinaridade integrada e orientada para a rede (em linha), url: http://portal.zmne.hu/download/bjkmk/bsz/bszemle2009/3/02 estok.pdf

6.   Balâzs Zele (ano 2013. IV. nr. 02.): Security in power plant area: carbon storage solutions for efficient and secure power supply, revista HiRVILLAM (online), url: http :   //archiv.hhk.uni-nke.   hu/uploads/media   items/hirvillam-4-evfolyam-2-szam.original.pdf

7.   Dr. Jânos Abonyi, Dr. Timea Fülep: Universidade de Panónia Sistemas críticos de segurança (2014.) (online), url: http://moodle.autolab.uni-pannon.hu/Mecha tananyag/biztonsagkritikus rendszerek/index.html

8.   Balâzs Zele (2015.): Future responsibility of risk management in fuel transport process mechanism at power plants, HADMÉRNOK MAGAZINE (online), url: http://hadmemok.hu/154 04 zeleb.pdf

9. **Sandra K. Clawson Freeo: Plano de Comunicação de Crise (2008.):** A PR Blue Print (online), url: http://www3.niu.edu/newsplace/crisis.html#_1

10. **Dr. Albert Balogh (ano 2011/3. XX. nr. 03.): Revista da "Sociedade Húngara para a Qualidade", publicação eletrónica: Risk Management and Risk Assessment** (online), url: http : //www.quality-

mmt.hu/adat/fajlok/letoltesek/magyar-elektronikus-   folyoirat/mm   2011/2011 03MM.pdf

11. **Balâzs Zele (Volume X. Nr. 2. - junho de 2015):** Proteção do apoio logístico à central eléctrica de Mâtra para garantir o abastecimento de combustível (em linha), url: http://www.hadmemok.hu/152 06 zeleb.pdf

12. **Péter Bajor (2013.):** Logistic system modeling of wired supply networks, teses de doutoramento   (online), url:

http : //mmtdi .sze. hu/images/Dokumentumok/Baj orP Tezisfuzet 2013. pdf

13. **Central eléctrica de Mâtra, Lda. Página inicial:** (em linha), url:

http://www.mert.hu/hu/merfoldko-a-hazai-zoldenergiaban

14. **Edição própria (Balâzs Zele) baseada na brochura "Sociedade Verde, Economia Verde, Conferência sobre Inovação" (2012.):** (em linha), url:

http : //innovacio. karolyrobert.hu/download/Konf 2012 06 07 harmadik%20inno vacios%20konferencia.pdf

15. **Anikó Schubert (2008.):** Risk management in the operation of supply chains (online), url: http://edok.lib.uni-corvinus.hu/295/1/Schubert101.pdf

16. **Revista MAVIR (ano 2013., número II.):** (em linha), url:

http : //www.mavir.hu/documents/10258/188160300/2.+sz%C3%A 1 m+vegleges.p df/8eeb2b2d-8c30-4bac-84c6-

77d7615d5252jsessionid=ZzmjSq3GXy4pYG1yth26hD5fFhp9ylCXmvCBDP2n knC0PBQ2TPB2!1946093811 !NONE!13827255744847Version=1.0

17. **Balâzs Zele (2015.):** Innovation areas of energy security in power generation plants, Bolyai Review ISSN 1416-1443 journal, publica artigos sobre aspectos científicos aplicados das ciências militares, logística militar, ciências da comunicação e informática e catástrofe (online), url:http://uni-

nke.hu/uploads/media items/bolyai-szemle-2015-01.original.pdf

18. **Dissertação do Dr. Estók Sàndor (2011.):** (em linha), url: http://uni-

nke.hu/downloads/konyvtar/digitgy/phd/2011/estok sandor.pdf

19. **Dissertação do Dr. Estók Sàndor (2011.):** Controlo da informação - logística interdisciplinar integrada orientada para a rede (online), url:

http ://193.224.76.2/downloads/konyvtar/digitgy/phd/2011 /estok sandor.pdf

20. **Edição própria (Balâzs Zele) baseada na dissertação do Dr. Sàndor Estók (2011.):** (em linha), url:http://uni-

nke.hu/downloads/konyvtar/digitgy/phd/2011/estok sandor.pdf

21. **Gyorgy Kovàgó, Róbert Barlai (2004.): Crisis Management, Crisis Communication Szàzadvég Publisher, Budapest.**

22. **Dissertação de Péter Jânos Varga: (2013.):** Protecting critical wireless infrastructures (online), url: http://uni-

nke.hu/downloads/konyvtar/digitgy/phd/2013/varga peter janos.pdf

23. **Diretivas UE 2020:** (em linha), url:

http : //ec.europa.eu/energy/renewables/targets en.htm

24. **Dissertação de Péter Bajor (2013.): Proteção de redes sem fios de infra-estruturas críticas** (online), url:

http://mmtdi.sze.hu/images/Dokumentumok/BajorP Disszertacio 2013.pdf

25. **Edina Dobos (2010.):** Theoretical questions of supply security (online), url: http://www.nemzetesbiztonsag.hu/cikkek/dobos edina- az energiaellatas biztonsaganak elmeleti kerdesei.pdf

26. **N. A. Utyenkov, tese de doutoramento do Dr. Sàndor Estók (2011.):** página 82, com base na figura 19. (redes logísticas + rede de informação + rede de sensores) (em linha), url: http://uni-nke.hu/downloads/konyvtar/digitgy/phd/2011/estok sandor.pdf

27. **O papel das infra-estruturas no desenvolvimento local, conceito de estrutura espacial e infra-estruturas (2004.):** (em linha), url: http://www.terport.hu/webfm send/295

28. **Dr. Sàndor Utassy (2009.):** Safety issues of complex electrical systems, dissertação de doutoramento (online), url: http://uni-nke.hu/downloads/konyvtar/digitgy/phd/2009/utassy sandor.pdf

29. **Tamâs Berek - Tamâs Horvâth (IX. ano, número 2 - junho de 2014): Physical *F* protection systems in dynamically changing environments HADMÉRNOK MAGAZINE (online), url: http : //www.hadmernok.hu/142 02 berekt.pdf**

30. **Sàndor Kiss - Attila Vass (IX. ano 2 - junho de 2014):** Proteção Civil de Sistemas de Energia, HADMÉRNOK MAGAZINE (online), url: http://hadmernok.hu/142 04 kisss.pdf

31. **Dr. Éva Fenyvesi (2012.):** Análise das partes interessadas: (online), url:

http://www.google.at/url?sa=t&rct=j&q=&esrc=s&frm=1 &source=web&cd= 1 &ved=0CCIQFjAA&url=http%3A%2F%2Fwww.avf.hu%2Ftanarok%2Ffenyvesi-eva%2F%3Fdownload%3Dstakeholder analizis.pdf&ei=qj-AVPXNHYbaav2OgaAM&usg=AFQjCNFV211 OxW8vbwO55G5YE3u54absg&sig2=ItAh m4bZqPT86QiTyN8nQ

32. **Albert-Làszló Barabàsi (2013.): Behàlózva (em linha), url:**

http : //www3. niu.edu/newsplace/crisis. html# 1

Printed by Books on Demand GmbH, Norderstedt / Germany